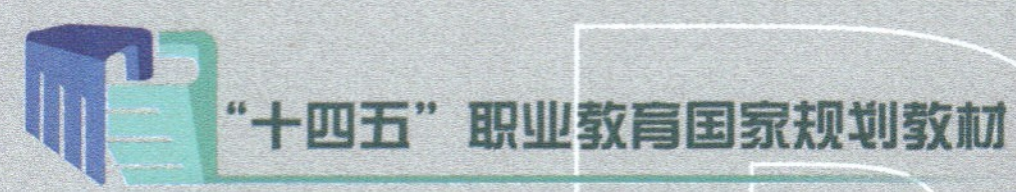

城市景观设计

欧亚丽 夏万爽 / 主编

人民邮电出版社
北 京

图书在版编目（CIP）数据

城市景观设计 / 欧亚丽，夏万爽主编. -- 北京 :
人民邮电出版社，2017.5
（现代创意新思维）
十三五高等院校艺术设计规划教材
ISBN 978-7-115-40038-3

Ⅰ. ①城… Ⅱ. ①欧… ②夏… Ⅲ. ①城市景观—景观设计—高等学校—教材 Ⅳ. ①TU-856

中国版本图书馆CIP数据核字(2016)第316074号

内 容 提 要

本书介绍了城市景观设计必备的基本理论知识，以构成城市空间的点、线、面——城市广场、城市道路和城市居住区为典型项目，探讨了景观设计的技巧与方法。内容包括景观设计的学习领域和学习情境、城市广场景观设计的内容与构图技巧、城市道路景观设计工作流程及方法、城市居住区景观设计的综合能力与素养等，以循序渐进的方式让读者由浅入深地学习，逐渐形成和具备景观设计的综合能力。

本书适合作为高等院校景观设计、环境艺术设计、园林设计、城市规划、室内艺术设计等专业景观设计课程的教材，也可供上述行业的从业人员阅读参考。

◆ 主　　编　欧亚丽　夏万爽
责任编辑　桑　珊
责任印制　焦志炜

◆ 人民邮电出版社出版发行　　北京市丰台区成寿寺路 11 号
邮编　100164　　电子邮件　315@ptpress.com.cn
网址　http://www.ptpress.com.cn
北京天宇星印刷厂印刷

◆ 开本：787×1092　1/16
印张：13.75　　　2017 年 5 月第 1 版
字数：350 千字　　　2024 年 12 月北京第 11 次印刷

定价：59.80 元

读者服务热线：(010)81055256　印装质量热线：(010)81055316
反盗版热线：(010)81055315
广告经营许可证：京东市监广登字 20170147 号

前言

PREFACE

充满魅力的爱琴海和古希腊的建筑，蕴藏着许多故事的巴黎圣母院，展现东方文明的巍峨的万里长城，秀丽的西湖风光，精致的苏州园林……这些让我们为之惊叹的景观已成为时代的经典。不同时代的景观焕发出不同的光彩，成为人类历史和文化的宝贵艺术财富。景观，犹如人类的一面镜子，它的变化与发展折射出不同历史时期的政治、经济、宗教信仰、社会文明、生活方式、审美取向的变革，它凝聚了不同地域人类创造的智慧，焕发出美的魅力与风采。

景观是一种艺术，它创造了优美的人类生存空间，给人们带来了舒适和美的享受；景观是一种文化，蕴涵着丰富的文化积淀，陶冶了人们的情操，激发了人们的情感。景观设计是一门技术，必须有多方面的技术支撑。景观设计的创造不断推动着技术的变革；技术的不断变革也使景观的形式不断得到更新。景观设计是基于科学与艺术的观点及方法探究人与自然的关系，以协调人与自然的关系和可持续发展为根本目标进行空间规划、设计的行为。

现代社会的城市化进程非常快，在城市里，生活节奏快，环境嘈杂，人的心情很容易低落；而人们都喜欢蓝天和绿地，喜欢清静、自然的生活环境。因此，景观设计师、园林设计师应运而生。我们要在城市有限的空间里设计一个相对安静的环境供人休息。新时代的景观设计师担负着前所未有的责任，建立融合当今社会形态、文化内涵、生活方式，面向未来，人性化的理想生存环境空间，是景观设计师责无旁贷的责任与使命。

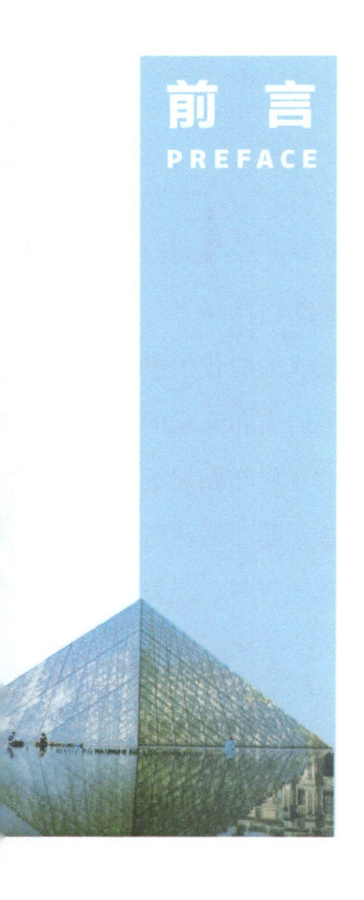

前言

PREFACE

“城市景观设计”是环境艺术设计的重要核心课程。本书的内容包括城市景观设计理论基础篇、城市景观设计项目实训篇和城市景观设计案例欣赏篇3部分。第1篇是认识城市景观设计，主要讲解城市景观的形成与发展、基于环境艺术设计的城市景观设计以及城市景观设计的学习情境，帮助读者掌握城市景观设计的定位与内容。第2篇是掌握城市景观设计，在城市广场景观设计、城市道路景观设计、城市居住区景观设计3个学习情境的基础上设置项目任务，通过学习实践帮助读者掌握城市景观设计的内容和方法。第3篇是视野开拓与提高，通过对国内外优秀景观设计案例的分析，帮助读者开拓国际视野，提高设计水平。

本书全面贯彻党的二十大精神，以社会主义核心价值观为引领，传承中华优秀传统文化，坚定文化自信，使内容更好体现时代性、把握规律性、富于创造性。

本书内容的设定具有明确的针对性、应用性，能有效地培养高层次的景观设计创造型人才。本书由邢台职业技术学院欧亚丽和夏万爽任主编；景观设计案例欣赏篇由西安有色冶金设计研究院于娜编写；杨凌职业技术学院田雪慧参与了城市道路景观设计项目任务的编写工作。

由于作者水平有限，书中难免会有不妥之处，恳请读者批评指正。

编者

2022年12月

目 录

CONTENTS

城市景观设计案例欣赏篇

城市景观设计理论基础篇

本篇从城市、景观、城市景观的概念讲起，带领读者一步步走近景观设计，了解从古至今城市景观的形成与发展，掌握城市景观设计的领域划分，明确城市景观设计各领域在景观环境中的相互关系，重点领悟城市景观设计的定义、实质目标和设计原则，从而明确现代城市景观设计的典型工作任务、流程和设计方法，为城市景观设计实践奠定理论基础。

位于四川省阿坝藏族羌族自治州的地表钙化景观。主要景观集中于长约3.6公里的黄龙沟，沟内遍布碳酸钙化沉积，并呈梯田状排列，仿佛是一条金色巨龙，并伴有雪山、瀑布、原始森林、峡谷等景观

城市是人类聚集生活的有机整体，是城市居民进行城市生活基本的物质环境。

景观作为一个名词在大量信息产业中（网络、电视、电影、出版、广告、模特、表演等）已被广泛应用与流传，但究竟什么是景观，如何才能拥有景观呢？

作为一种学术用语，景观的概念很宽泛。地理学家把它看成一个科学名词，认为景观是一种地表景象。

生态学家认为景观是一种生态系统,指由地理景观（地形、地貌、水文、气候）、生态景观（植被、动物、微生物、土壤和各类生态系统的组合）、经济景观（能源、交通、基础设施、土地利用、产业过程）和人文景观（人口、体制、文化、历史等）组成的多维复合生态体。

旅游学家认为景观是一种资源,是能吸引旅游者并可供旅游业开发利用的可视物像。

浑善达克沙地沼泽

云南大理三塔

风景油画

法国巴黎卢浮宫，静态的水面与建筑完美结合，让建筑设计的表达超乎想象

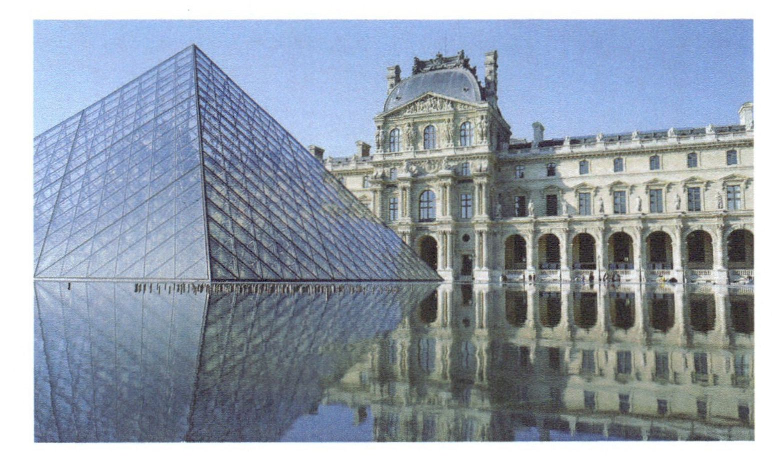

艺术家认为景观是需要表现与再现的。

建筑师认为景观是建筑物的配景或背景。

美化运动者和开发商则认为，景观是城市的街景立面、园林中的绿化和喷泉等。

因而对于景观，一个更广泛而全面的定义是，景观是人类环境中一切视觉事物的总称，它可以是自然的，也可以是人为的，所以景观的覆盖面十分广泛。对于学习者而言，必须明确所学景观的领域。

城市景观是景观的领域之一，是自然景观与人工景观的有机结合。城市景观与我们的生活息息相关，对于现代忙碌于钢筋混凝土空间架构内的人们来说，城市景观不仅要创造满足生理需要的良好的物质环境，还要创造出满足精神需求的健康社会环境和惬意的心理环境，更要创造丰富多彩、形象生动的城市艺术景

位于长城脚下的竹屋坐落在山野间，落地的玻璃窗与窗外的水草树木紧紧相依，意境深远，由纤纤细竹隔出的“茶室”更是竹屋的点睛之笔，透过竹缝可见长城的烽火台

观，给人以美的享受。这样的城市环境景观，可以保证和促进人们身心健康地发展，陶冶高尚的思想情操，激发旺盛的精神和斗志，所以城市景观需要设计。

城市景观设计作为一门学科领域，关键在于如何进行设计并将设计变为现实。设计在高速运转的现代化都市中无处不在，而真正切实可行的设计是需要有理论依据与相应实践方法的。城市景观设计的概念源于城市规划专业，需要有总揽全局的思维方法；主体的设计源于建筑与艺术专业，需要楼宇、道路、广场等构成要素；环境的设计源于园林专业，需要融入环境系统设计。因此，城市景观设计是一门集艺术、科学、工程技术于一体的应用性学科。

综上所述，作为从事城市景观设计工作的人员，必须具备和掌握一定的理论，才能为城市景观设计实践打好坚实的基础。本篇将从城市景观的形成与发展、基于环境艺术设计的城市景观设计以及城市景观设计的学习情境3个方面展开对城市景观设计的理论学习，使读者能够深入浅出地对城市景观设计有一个全方面的了解与认知。

私家花园景观

01

第一节 | 城市景观的形成与发展

城市景观的历史与人类城市的历史一样久远。城市在产生的那一刻起，就被两种作用力（即文化驱动力和自然回归力）所控制。因而文化和自然是城市景观诞生的最原始的动力。

人类在其漫长的自然栖居过程中，在自然中留下他们的印迹。他们在自然洞穴外种植，用岩石记录他们的生话，以此为起点逐步发展起他们的"人造景观"系统。村庄的产生最初只是为了实现群体的养育功能，人与自然是一种"共生"的关系；随着人类的进步，原始的村庄日益演化为城市，并渐渐与自然相分离。在城市中，人们改变自然景观，重新种植植物，重构和再利用土地。

城市景观的形成与发展经历了漫长的历史时期。城市在发展演进中确立了景观格局，经历了尺度演进、生态演进、建筑演进、社会演进，最终以日臻成熟的面貌展现于世人眼前。

1. 城市景观风貌的形成

美国建筑学家凯文·林奇用归类的方法概括出人类城市的原型：一是神秘主义——宇宙城市原型，二是理性主义——机器城市原型，三是自然主义——有机城市原型。

城市景观风貌的形成大多在工业革命以前。工业革命以前的城市景观，大都属于神秘主义——宇宙城市原型。主要特点是自然的力量被突出，自然力量与人文相结合，城市成为人类与宇宙秩序之间的一种连接中介，整个城市景观弥漫着一种宗教神秘主义韵味。

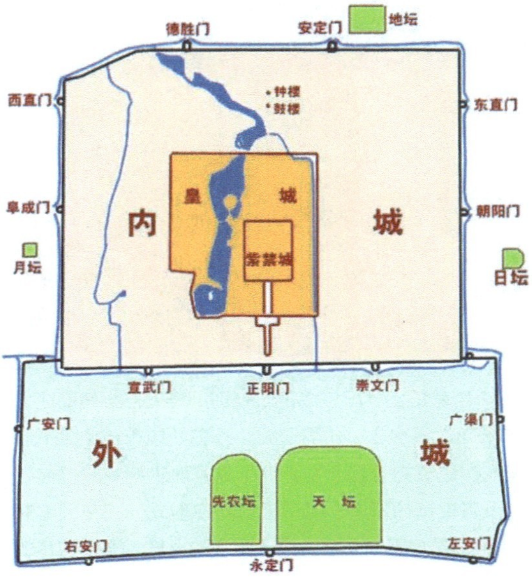

明朝的北京城，以皇城为中心，皇城左建太庙，右建社稷坛，城外南北东西四方分别建天坛、地坛、日坛以及月坛。皇帝每年在冬至、夏至、春分、秋分分别到四坛举行祭祀。天地日月、冬夏春秋、南北东西，这种对应显示了中国古代天人合一的宇宙观念

在古代埃及，神庙是城市中不可或缺的重要组成部分。宗教在古代埃及的生活中起着支配作用。研究埃及古文化的周启迪先生认为“早期埃及的城市，是神的城市，是神庙所在地与祭祀中心。”

神秘主义——宇宙城市原型不仅仅反映人与天的关系，同时也反映在人与人的关系上，城市景观布局讲求礼制与等级。如在中国，早在周代就形成了一套按尊卑等级建设城市的规划制度。

在工业革命以前，理性主义——机器城市原型也一直存在着。这种城市的景观如同机器一样，其部件位置确定，彼此类似，并常用机械方式连接，整个变化均可由部件数量的增减来反映，可以拆散、修改，也可以更换部件。这一模式特别适合建设临时性的城市，历史上一些殖民城市的设计，很多就是这种情况。

古希腊时代、古罗马时代以及中世纪时代城市景观的形成是城市风貌形成的典型代表，是研究城市景观形成的参考依据。

（1）古希腊时代城市景观的形成

古希腊时代城市景观的总体特点是小尺度以及人性化。历史上的雅典城背山面海，城市按地形变化而布置。从山脚下的居住区开始，逐步向西北部平坦地区发展，最后形成了集市广场及整个城市。建筑物的排列不是死板的，

雅典卫城是古希腊时代城市景观最杰出的代表，它坐落在城内一个陡峭的山顶上，以乱石在四周堆砌挡土墙形成大平台。平台东西长约300米，南北最宽处为130米，建筑物分布在这个平台上，山势险要，只有西边有一个上下通道。雅典卫城周围均为岩石坡面，建筑师充分利用岩面条件来安排建筑物与纪念物，并不刻意追求视觉的整体效果。除个体建筑外，卫城没有总的建筑中轴线，没有连续感，没有视觉的渐进，也不追求对称形式，完全因地制宜。卫城南坡还建有为平民服务的活动中心、露天剧场与竞技场等。整个建筑非常适合人生活的尺度，据说这样的设计是最符合黄金分割比例的

既考虑到从城下四周仰望时的美，又考虑到置身城中的美，并且充分利用了地形。

（2）古罗马时代城市景观的形成

古罗马时代城市景观构筑的过程中，对于地形不惜代价进行改造，城市景观构筑都是好大喜功，主要特点是大尺度与炫耀性。古罗马人从古希腊人那里学到了城市建设的美学原则，如形式上封闭的广场、广场四周连续的建筑、宽敞的大街以及两侧成排的建筑物和剧场等，但是尺度与古希腊人不同。古罗马人以自己特有的方式进行了变化，比古希腊的形式更华丽、更壮观：古罗马的城市景观是大尺度的，以显示军事力量的强大与统治阶级的显赫。

（3）中世纪时代城市景观的形成

欧洲中世纪城市的总体特点是小尺度的，与古希腊很相似。中世纪城市的四周都用围墙围合起来，城墙上每隔一定距离筑有塔楼，组成守卫的中心点。街道布局非常凌乱，道路弯曲，这是有着时代意义的，因为中世纪城市经常会被敌人侵占，在街道展开巷战是非常普遍的事；采用直线条的布局可能会增加城市的美观，但从防御的角度看，这样做的代价将十分惨痛。

古罗马修建了环绕城市长达数百英里的排水道，城市中有一些建筑高达35米，相当于10层楼的高度。广场的建筑物尺度都很大，实际上就是个人的纪念碑。大街有时宽20~30米，人行道与车行道是分开的

中世纪的城市规划，通常不追求整齐有序，而是从需要出发，随机而定，因此城市发展经常是不规则的。一些自然的东西，如崎岖不平的地形，常常被运用

总的来说，在工业革命以前，世界上的城市景观因国家与民族不同而风格各异，但一般都具有以下特点。

/ 宗教在城市景观中占据重要地位，这一点非常突出。

/ 城市的规模不大，一般人口为数万人，这是由生产力的特点所决定的。最大的城市人口规模接近百万，如古代的罗马城、中国的长安城等。

/ 城市大多有城墙环绕，这是工业革命以前人类战争频繁所导致。

2. 城市景观格局的确立

工业革命是世界城市史上的转折点。在工业革命以前，世界范围内城市景观的变化是非常缓慢的。工业革命后，城市景观变化巨大且迅速。工业革命最初从欧洲开始，带动了城市化的进程，大量人口涌入城市，或是在空地上建立新的城市。一方面由于人口在较短时间内进入城市，而使大量欧洲中世纪遗留下来的老城无所适从；另一方面由于人类还缺乏规划经验，因此在工业革命期间相当长的一段时间内，城市的发展比较混乱。

资本主义大工业的生产方式及铁路的修建，完全改变了原有城市的景观。工业在城市内部或郊区建立起来，工业区外围就是简陋的工人住宅区，形成了工业区与住宅区相间与混杂的局面。火车的出现是工业革命期间的一件大事，各个城市纷纷在城市中心或者市郊建立火车站，城市扩展后，城郊的火车站又被包围在城市之中，加剧了城市布局的混乱。

资本主义的发展使原有的城市难以适应发展的需要。除了兴起大量的新建城市之外，旧的城市普遍面临着变革的任务。不少城市针对这种情况进行了改建，以适应新的发展需要。有的改造是规模较大的，如拿破仑三世实行的著名的“奥斯曼计划”，历时17年之久，耗资25亿法郎，全巴黎共拆除旧房11.7万所，兴建楼房2.15万栋。

城市规划的目的是保障居住、工作、休闲与交通四大活动的正常进行，人们应当通过城市规划解决城市空间出现的问题，其中主要方式是功能分区。在城市建设中，功能主义规划逐渐出现，这种规划遵循经济和技术的理性准则，把城市看作是巨大的、高速运转的机器，以功能与效益为追求目标，在城市建设中注意体现最新的科学技术思想和技术美学观念。

1933年，国际建筑会议在雅典召开，制定了《城市规划大纲》，总结了城市的弊端并提出了城市的应对思路，这就是城市规划史上著名的《雅典宪章》。《雅典宪章》提出了城市规划功能分区的思路，这既是对此前西方城市改造的一种总结，也为以后的城市改造指明了方向。

1931年，美国建成了102层、381米高的纽约帝国大厦，它在1969年以前一直是世界上最高的大厦

1969年，美国建成的110层、443米高的芝加哥西尔斯大厦成为世界上最高的大厦

1996年，马来西亚建成的高450米的双塔石油大厦取代了西尔斯大厦冠军的地位

中国于1997年建成的上海金茂大厦为95层，建筑高度421米，结构高度395米，跻身于世界最高大厦的行列

3. 城市景观的尺度演进

工业革命以来，城市景观最大的变化是尺度的增大，城市不仅变得更高，而且变得更大。

随着科技的进步以及钢结构的应用，城市景观日益向“高”发展其显著特点就是摩天大楼的出现。摩天大楼的出现具有重要意义。一方面，它显示了人类的创造力量，改善了人们的居住条件，节省了城市用地；另一方面，也带来一定的负面效应，如规模不经济以及安全隐患等。

4. 城市景观的生态演进

工业化以来相当长的时间内，城市呈现一种无序的发展状态，引发了诸多的“城市病”。其中，城市生态问题是最严重的城市病，这在工业革命早期表现得尤为明显。

“工厂林立，浓烟滚滚”是很长一段时间内对城市景观最形象的概括。以工业革命最早的英国为例，当时伦敦的工厂如雨后春笋般兴建起来，高大的烟囱林立，整个城市烟雾缭绕，能见度极低；这种状态持续了很长一段时间，但这绝不是伦敦的个案问题。

后来，一些国家在经济发展到一定时期时对环境进行了清理，城市环境有所改善。许多城市通过土地置换，建成了公园与绿地，尤其值得一提的是，美国纽约在市中心建造了一个大型的“城市绿心”——中央公园。

5. 城市景观的建筑演进

工业社会城市景观演进的一个很重要的方面表现在建筑上，工业革命引发了一场建筑

中央公园面积达340万平方米，有总长93公里的步行道，以及9 000张长椅和6 000棵树木，每年吸引多达2 500万人次进出。园内有动物园、运动场、美术馆、剧院等各种设施。这里本来是一片近乎荒野的地方，现在是一大片田园式的禁猎区，有树林、湖泊和草坪，甚至还有农场和牧场，里面还有羊儿在吃草。在这样一个喧嚣繁荣的大都市开辟出这样一个巨大的公园，这一创举得到了举世称赞

革命——现代建筑革命，以体现工业化时代的精神。现代建筑是特定时代的产物，它适应了城市化发展的要求。众所周知，工业化拉开了城市化的序幕，城市化使大量的人口汇集于城市，由此带来了大量的居住需求，现代建筑以简洁、经济、实用的特点，在满足这种需求上具有优势，因此现代建筑的发展极为迅速。但现代建筑相对忽略了人们的多样性需求，这是其主要弊端。

6. 城市景观的社会演进

1840年鸦片战争后，中国逐步沦落为半封建半殖民地的社会，在帝国主义的侵略下，一些通商口岸被迫开辟“租界”，这使得中国不少城市具有“二元景观”。

1949年后，中国城市的二元景观逐步减少。但由于历史原因以及社会经济中出现的一些新变化，这种现象仍在一定范围内存在。当

“二元景观”：上海的租界拥有高层公寓住宅、花园洋房以及公园等。洋人与上层华人的住宅区内设施完善、景观幽雅；而旧上海下层人民的住所通常为低矮的木结构建筑，环境很差。老城区由很小的方格形道路网组成，道路宽度2~3米，不能行车，而租界的道路宽度为10米，相差悬殊。

前，“城中村”是中国城市二元景观的一种突出表现形式。城中村伴随着中国城市的扩张而形成，中国许多城市都有这种现象，有的城市还非常严重。由于城市的扩张难以实现均质发展，因此有的农村地区景观还没有来得及转换就被迅速的城市扩张所淹没。

所以，城市景观的宏观表征以城市景观风貌的形成为基础，表现出一定的城市形状、内部结构以及发展态势；城市景观格局的确立是城市景观宏观表征的结构框架，是城市空间组织的重要手段；而城市的体量、建筑的形式以及生态环境与社会环境最终体现出城市景观的宏观表征。

参差不齐的城中村住区缺乏统一的规划，布局凌乱，有城市建筑，同时又有农村建筑，建筑的高度也参差不齐，高楼与平房共存，农村住宅也不统一

02

第二节 | 基于环境艺术设计的城市景观设计

在现代城市生活中，“景观”一词成为一种宣传和消费时尚，这是因为视觉文化取代了语言文字成为信息社会的主导，形象、图像、景象、景观成为重要商品。“景观”二字能够吸引人是因为其具有更强烈的视觉吸引性，这就是当前“景观”流行起来的基本社会原因。也正因为这一点，作为构建城市景观的设计者和营建者而言，应将城市景观的定义及实质目标进行彻底的剖析，明确城市景观的宏观表征和微观表象，使之成为真正的、众望所归的城市景观。

1. 城市景观设计的实质目标

城市是历史与现实两个不同时空的复杂交织体。在纵向上，城市景观形象设计应尊重历史，而在横向上，城市景观形象应尊重现实和自然。城市景观形象设计的实质目标是在人对环境的感受和行为间建立起最大限度的认同感。

在改革开放后的30多年间，随着经济状况的改善，我国城市化进程的速度加快，城市迅速膨胀。我国几乎所有城市的景观都在发生着日新月异的变化。旧有的东西——难以计数的有价值以及尚未来得及认识其价值的街区、建筑所构成的独特的城市景观土崩瓦解，令人触目惊心。

耸立起来的是什么呢？西方发达国家式的高楼，金碧辉煌的假古董式民族建筑，海市蜃楼般的大广场，大住宅区。“白云蓝天阳光青砖”的民居生活逐渐消失，取而代之的是终日以灯采光的城堡式生活。多少年之后，人们忽然发现，我们的城市仿佛都穿上了“标志服”。

城市景观形象的“标志服”最显著的特征就是普遍缺乏地域性特征及文化内涵，其中“求大”“崇洋”“抄袭”是其基本视觉特点。最近有资料显示，江西吉安市拥有30万人，却修了一条125米宽的世纪大道，这是现今所知最宽的马路。这种狂热和盲目应该予以解决了。小城市、小城镇的特点就是“小”，不能盲目地按照大城市的尺度去搞城市建设，也不能去搞这种城市景观的建设。城市景观建设要节约用地，不能再推行大广场、大马路的做法。城市土地紧缺，用于景观建设的土地越来越少，所以需要精心规划，可以考虑把一些不适用于建设的土地在安全的前提下进行景观建设。

城市景观设计的实质目标集中体现为如

何处理主体人与客体环境之间相互协调的关系问题。城市景观是人类改造自然景观的产物，因此，构建城市景观的过程同时也是自然生态系统转化为城市生态系统的过程，而城市景观的塑造过程，就是人类如何开发、利用自然的过程。遵循生态学原理，最小限度地减少对自然的破坏，减少对自然资源的剥夺，减少对生物多样性的破坏，这样的景观对人们才是有益的；反之，以掠夺自然、破坏生态的方式去塑造城市景观，到头来人类会自食其果，受到自然规律的惩罚。

2. 城市景观设计原则

人类的户外行为规律及其需求是城市景观设计的根本依据。考虑大众的思想、兼顾人类共有的行为，以群体优先，这是现代城市景观设计的基本原则。城市景观设计的总体发展趋势是要讲求生态，要从根本上改善人类居住的环境质量。

城市景观设计是一个复杂的系统工程，它不同于一般的艺术创作，绝不应仅仅局限于形体方面，还必须着眼于形体所承载的经济、社会、文化、美学等内涵。其目标与宗旨是为人们创造一个舒适、优美、方便、高效、卫生、安全、有特色的城市环境，满足人们的物质需要以及精神需要。有鉴于此，城市景观的设计必须遵循以下原则。

（1）综合性原则

城市景观设计是涉及人居系统各个层面的综合性学科。它是一个集艺术、科学、工程技术于一体的应用学科,它将景观规划、建筑、艺术设计彼此交融，与生态学、美学、文学等多种学科彼此关联。这就决定了城市景观设计研究的综合性特点——不仅要研究其各个要素，更重要的是把它作为统一的整体，综合地研究其组成要素及它们的组合关系。

（2）动态性原则

城市景观中的自然景观和人文景观的特点是在不断变化的，这就决定了城市景观设计必须以动态的观点和方法去研究。所谓动态的方法就是将景观环境现象作为历史发展的结果和未来发展的起点，研究不同历史时期景观环境现象的发生、发展及其演变规律。

城市景观的整体性、复杂性与系统性都要求在设计中必须坚持动态性原则。城市景观设计，不应只着眼于眼前的景象，还应着眼于它连续的变化，因此应当使整个设计过程具有一定的自由度与弹性。

城市景观设计的动态性原则还有另外一个层面，即可持续发展。城市景观的设计不像产品的设计那样只供一代人或几代人使用，因此，设计一定要慎重，必须坚持可持续发展原则。

（3）地域性原则

城市景观的地域性首先表现在它的自然条件上，包括当地的地形、地貌、气候与水文等，它是城市景观形成的基础，是人类赖以生存的物质前提。其次是人文条件，城市景观地域性的形成在很大程度上受到人们的审美情趣、生活方式、社会心理等的影响。因此，研究环境景观地域性特点时，就要解析不同地域内部的结构，包括不同要素之间的关系及其在地域整体中的作用，地域之间的联系，以及它们之间在发展变化中的制约关系。

（4）多样性原则

城市景观的地域性必然导致它的多样性，这种多样性表现在两个层面。一个层面是不同地域之间的多样性，另一个层面是同一城市景观系统内部的多样性。在城市景观系统中，多样性也非常重要。单调划一的事物对人的感观来说没有更多的新鲜刺激，由此会让人产生厌烦；只有内容与形式丰富的事物，才能不断引起人们的兴趣。城市本身就是多样性的产物，城市景观的设计也必须坚持多样性的原则，这就要求在相关的设计中对已有的多样性予以保护与维持，同时通过设计手段对其进行创造。

（5）人本性原则

人是城市景观的主体，城市空间与物质实体是为人服务的，因此城市景观必须坚持以人为本，满足人的各种需求。

第一，城市景观设计必须具备舒适性。随着现代城市居民闲暇时间的增多，人们在休闲、教育、养生、娱乐、社会活动、健身以及交往等方面产生各种各样的需要，对舒适性的要求提高了，这就对城市景观设计提出了更高的要求。

第二，城市景观设计必须具备可识别性。一个以人为本的城市景观，应当是一个使人容易识别的环境。易识别的城市景观的空间应有层次感、有标志物、有指示信息、有文化感，并且环境良好。

第三，城市景观设计必须具备可选择性。一个良好的空间，也必须能给人们提供多种选择的机会，这与城市空间的多样性是一脉相承的。

第四，城市景观设计必须具备可参与性。城市景观设计应当突出可参与性，这是人们在室外环境中的基本权利。

第五，城市景观设计必须具备方便性。外部空间是一个满足人们多种需求并具有方便性的场所，因此，外部环境设计都应方便人们的使用。

3. 基于环境艺术的城市景观设计

环境艺术以人的主观意识为出发点，建立在自然环境美之外，源于人们对美的精神需求，通过综合平面与立体诸要素，以现成物和创造品组成由观者直接参与的环境，通过视觉、听觉、触觉、嗅觉等的综合感受，造成一种可以让人身临其境的艺术空间。可以这样说，环境艺术是对人类生存环境的美的创造。

从广义上讲：环境艺术设计如同一把大伞，涵盖了当代几乎所有的艺术与设计，是一个艺术设计的综合系统。从狭义上讲，环境艺术设计的专业内容主要指以建筑和室内为代表的空间设计。其中以建筑、雕塑、绿化诸要素进行的空间组合设计被称为外部环境艺术设计；以室内、家具、陈设诸要素进行的空间组合设计，被称为内部环境艺术设计。前者也可称为景观设计，后者也可称为室内设计，这两者成为当代环境艺术设计发展最为快速的两翼。

城市景观设计的概念正是基于环境艺术设计的狭义领域而定义的，研究城市空间与物质实体的外显表现，也是自然景观与人工景观的有机结合。城市景观不仅要给人们创造满足生理需要的良好的物质环境，还要给人们创造满足精神需要的健康的社会环境和惬意的心理环境，创造丰富多彩、形象生动的城市艺术景观给人以美的享受。这样的城市环境及其为人们所提供的美的城市景观，可以保证和促进人类身心健康地发展，陶冶高尚的思想情操，激发旺盛的精神和斗志。

基于环境艺术设计研究城市景观，其概念也有狭义与广义之分。

狭义的城市景观是与园林联系在一起的，即“园林说”，其认为景观基本上等同于园林。这种概念下景观的基本成分可以分为两大类，一类是软质的东西，如树木、水体、和风、细雨、阳光、天空等；另一类是硬质的东西，如铺地、墙体、栏杆等。软质的东西，称为软质景观，通常是自然的；硬质的东西，称为硬质景观，通常是人工的。不过也有例外，如山体就是硬质景观，但它却是自然的。

广义的城市景观是空间与物质实体的外显表现。广义的景观本身大致包括四个部分，一是实体建筑要素，即建筑物，但建筑内的空间不属于景观的范畴；二是空间要素，空间包括广场、道路、步行街、公园、居住区及居民自家的小庭院；三是基面，主要是路面的铺地；四是小品，如广告栏、灯具、喷泉、垃圾箱以及雕塑等，这些小品虽然不十分起眼，但在景观中却占有重要的地位，它综合反映了一个城市的文化、社会、生态等状况。因此，国外十分重视这一领域，基本上都由专业人士进行规划与设计。

所以，基于环境艺术设计的城市景观设计的概念，基本上采用广义的景观定义，即城市景观是城市空间与物质实体的外显表现。

03

第三节 | 城市景观设计的学习情境

通过前两节的学习，我们清楚地认识到城市景观设计是城市空间与物质实体的外显表现。本节对城市景观设计的分类进行归纳梳理，并设置城市广场设计、城市道路设计、居住区设计等具有代表性的学习情境，对城市景观空间进行点、线、面的空间整合。

1. 城市景观设计的分类

城市景观按不同的分类标准可以分为不同的类型，如可按空间形式分，可按内容分，也可按环境特性分。但由于景观构成的复杂性的特点，使我们无论按哪种标准分类都很难包容那无限多样性的城市景观类型。举例而言，按空间形式可将城市景观划分为城市整体景观、城市街区景观等。这种分类强调了景观的空间形式特征，但与此同时，它却可能将某一景观类别更突出的景现特征——如历史景观的历史文化特性、滨水空间的滨水环境特性等掩盖起来。因此，为了突出不同类型的城市景观的主导特性，我们并未刻意强调分类的纯粹性，而是采用了以空间形式分类为主，结合参照其他分类标准的方法。这虽然可能造成分类上的交叉，但能够使不同类别景观的主导特性突出。

（1）规模分类体系

城市规模的分类体系有多种，如按人口的规模、面积的规模、经济的规模、功能的规模等分类。目前世界常用的分类标准多采用人口规模，由于各国的国情不同，城市人口规模分类标准也不同。就我国而言，北方的小城镇人口规模在20万以下；中等城市人口规模在20万~50万；大城市人口规模在50万~100万；特大城市人口规模在100万以上。城市景观结构的研究着眼于城市内的空间特征，特别是建成区的景观特征，根据这一特点以及建成区与人口规模的比例关系，可以将城市景观规模确定为：小城镇建成区，面积小于50平方公里；中等城市，面积50~70平方公里；大城市，面积70~100平方公里；特大城市，面积大于100平方公里。城市大小不同，城市景观迥异。

（2）系统分类体系

从系统的角度研究，城市生态系统可以看成是自然、经济、社会的复合生态系统，这种复合特征会在城市景观中得到反映。据此，城市景观可以分为自然景观——包括地貌、水文、植被等；经济景观——包括工业、商业、金融服务业等；社会景观——包括社区、行政、民俗风情、历史文化、宗教等。城市景观是上述景观的综合反映。

（3）功能分类体系

城市是一个综合功能体，城市规划的目的是保障居住、工作、休闲与交通四大活动的正常进行，所以城市景观结构可以按其功能划分为许多景观功能单元，如居住区的生活功能、工业区的生产功能、商业区的流通服务功能、公园绿地的美化净化功能等。据此可以分为工业景观、商业景观、交通景观、居住景观、旅游景观、绿地景观等。

黄山自然景观

香港汇丰银行经济景观

民俗表演社会景观

北京东大桥商业景观

城市立体交通景观

居住区景观

绿地景观

2. 城市景观设计学习情境的项目分类

城市景观设计有多种分类方法，基于环境艺术设计的城市景观设计，可将城市景观设计的学习领域限定为城市空间的场所表征，一般可分为开放空间、道路空间、建筑空间等。据此，城市景观设计的典型工作任务可归纳为城市广场景观设计项目、城市道路街区景观设计项目以及城市住区景观设计项目等。

项目一　城市广场景观设计

城市是人类聚集生活的有机整体，从狭义的角度上讲，城市是城市居民进行城市生活的基本的物质环境。许多人把城市比作一个大的生活居住体，称城市的公共空间为城市的“客厅”。城市的“起居室”以城市广场为代表，人们认为提高城市生活质量的前提是提高城市广场景观的质量，所以广场是城市文明的重要象征，也是构成城市景观最具魅力的部分。城市广场具有集会、交通集散、居民游览休息、商业服务及文化宣传等功能，简而言之，广场具有展示的功能，甚至许多的影视娱乐节目都采用“广场”的概念，如“媒体广场”“娱乐广场”等，这都可以体现出广场是一个展示“某种东西的地方”。

城市广场是城市道路交通系统中具有多种功能的空间，是人们举行政治、文化活动的中心，也是公共建筑最为集中的地方。城市广场的主要功能是供人们漫步、闲坐、用餐或观察周围世界。与人行道不同的是，城市广场是一处具有自我领域的空间，而不是一个用于路过的空间。当然可能会有树木、花草和地面植被的存在，但占主导地位的是硬质地面。

上海市人民广场。城市广场景观设计的内容包括：城市广场体系空间结构，城市广场功能布局，广场的性质、规模、标准，广场与整个城市及周边用地的空间组织、功能衔接和交通联系

（1）城市广场景观设计的发展现状

从某种角度来看，城市和城市广场的发展是社会经济发展的结果，但更本质的应该归根于科技的进步。因此，我们要从科技进步的层面去分析广场功能的变化或“转移”。早先由于科技水平较低，先进的交通、通信工具还没有出现，人们会去露天广场购物，会到公共水井打水，会到中心广场去听别人发布信息。现在由于科技发展而出现的汽车、电视、互联网，使得人们对信息的获取、购物甚至部分工作都可以在家里实现。这样的论述并不是否认人们对广场的需要，相反，人们会对广场有更多的期待，然而此时广场需要提供的功能已经悄然发生了变化，功能在一定程度上发生了“转移”，市民乐于在此交谈、观赏和娱乐。 城市广场景观体现出一个城市的文化和活力，极富生命力，它在城市景观中起着主宰作用，这是对建筑、景观、规划设计者的一种暗示。我们应该随时清楚自己的作品所服务的对象，而不只是自得于作品的精美构图或技术的熟练上。

随着全球化进程的加快和中国的改革开放，政治、经济、文化相互碰撞交流，在全球范围内开始出现世界城市。在广场建设上，开始出现趋同的广场市民化、商业化、多样化趋势。

（2）城市广场景观的设计分析

城市广场景观设计是城市空间完整性的表现。城市空间包括开放空间和封闭空间（建筑空间），城市空间的完整性需要通过城市建筑的安排来实现。开放空间及其体系是人们认识、体验城市的主要窗口和领域。城市广场作为城市空间的重要部分，其设计应该充分考虑城市景观的完整性，使城市空间呈现连续性、流动性、层次性和凝聚性。

城市广场的完整性在设计初期就应通盘考虑，结合规划地的实际情况，从土地利用到绿地安排，都应当遵循生态规律，尽量减少对自然生态系统的干扰，或通过规划手段恢复、改善已经恶化的生态环境，呈现出适宜的城市广场景观环境。

一个聚居地是否适宜，主要是指公共空间和当时的城市肌理是否与其居民的行为习惯相符，即是否与市民在行为空间和行为轨迹中的活动和形式相符。总的来说，“适宜”的感觉就是“好用”，即用起来得心应手、充分而适意。符合这个条件的广场景观应该充分体现地方特色。城市广场的地方特色既包括社会特色，也包括自然特色。

首先，城市广场应突出地方的社会特色，即人文特性和历史特性。城市广场建设应继承城市当地本身的历史文脉，适应地方风情、民俗文化，突出地方建筑艺术特色，有利于开展地方特色的民间活动，避免千城一面、似曾相识之感，增强广场的凝聚力和城市的旅游吸引力。例如，西安的钟鼓楼广场，注重把握历史的文脉，整个广场以连接钟楼、鼓楼，衬托钟鼓楼为基本使命，并把广场与钟楼、鼓楼有机结合起来，具有鲜明的地方特色。

其次，城市广场还应突出地方的自然特色，即适应当地的地形地貌和气候气温等。城市广场应强化地理特征，尽量采用富有地方特色的建筑艺术手法和建筑材料，体现地方山水园林的特色，以适应当地的气候条件。例如，近几年来大连在城市开放空间的处理上在中国是处于领先地位的，被奉为典范，有许多先进经验值得学习。大连的城市广场景观基本上是以草皮为主，点缀各式造型的雕塑，令整个城市景观形象简洁、清新，又不失生动。大连没有种植大型乔木，是为适应当地土层较浅的客观条件所设计的，然而国内许多城市盲目模仿，造成只见草地不见森林。很多炎热的南方城市，应结合本地的自然条件发展立体组合绿化，不应盲目效仿以大片硬地、草地为主的广场景观，否则会使广场的日间使用率低，造成对土地资源的浪费。

城市广场是大众聚集的场所，大众就体现了对广场功能多样性的需求。不同地段的城市广场的职能有主次之分，除要充分体现其主要功能之外，应尽可能地满足游人的娱乐休闲的需求。人们的乐意逗留对商家来说则存在着无限商机，城市地价也会因城市广场的布置而发生变化。

综上分析，广场景观设计无论在形式、内容和功能上都必须满足现代城市社会、经济发展的需要。只有对聚居地的“适宜”度进行合理分析，才能设计出符合城市形象的广场景观。

（3）城市广场景观的设计内容

城市广场作为城市形态的一部分，人们除了关注其外在形式的美观、华丽外，还应该关心其承载的功能。因此，城市广场的设计和建设一定要考虑影响人们行为活动变化的因素。

目前中国的城市广场中，中心广场、大广场较多，散布于城市中的小型广场还不能充分满足市民娱乐健身活动的需求。城市广场的使

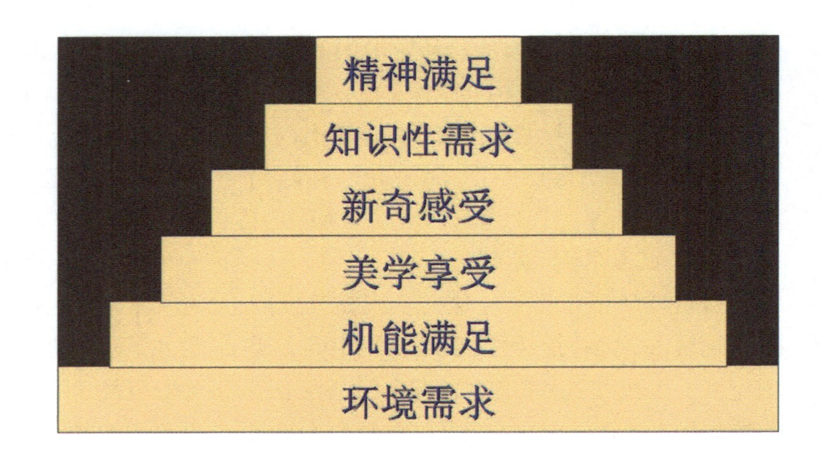

用应充分体现对“人”的关怀。古典的广场一般没有绿地，以硬地或建筑为主；现代广场则出现大片的绿地，并通过巧妙的设施配置和交通，竖向组织，实现广场的“可达性”和“可留性”，强化广场作为公众中心“场所”的精神。现代广场的规划设计以“人”为主体，体现“人性化”，其使用进一步贴近人的生活。因此，城市广场的设置内容大致应该从以下方面着手。

① 城市广场面积大小的确定。一般来说，城市大，城市中心广场的面积也大；城市小，市中心广场也不宜规划得太大。片面地追求大广场，以为城市广场越大越好、越大越漂亮、越大越气派，那是错误的。城市广场尺寸太大会缺乏活力和亲和力。大广场不仅在经济上花费巨大，而且在使用上也不方便；同时，广场尺寸不适宜，也很难设计出好的艺术效果。

一般而言，小城市中心广场的面积一般在1~2公顷，大中城市中心广场的面积在3~4公顷，如有必要可以再大一些。至于交通广场，面积的大小取决于交通量的大小、车流运行规律和交通组织方式等；集会游行广场，取决于集会时需要容纳的最多人数；影剧院、体育馆、展览馆前的集散广场，取决于在许可的集聚和疏散时间内能满足人流与车流的组织与通过。此外，广场面积还应满足相应的附属设施，如停车场、绿化种植、公用设施等。在观赏要求方面还应考虑人们在广场内时，与主体建筑之间要有良好的视线，保证观赏的最佳视距，所以在高大的建筑物的主要立面方向宜相应地配置较大的广场。

② 广场要有足够的铺装硬地供人活动，同时也应保证不少于广场面积25%比例的绿化地，为人们遮挡夏天的烈日，丰富景观层次和色彩。

③ 广场中需有坐凳、饮水器、公厕、电话亭、小售货亭等服务设施，而且还要有一些雕塑、小品、喷泉等以充实内容，使广场更具有文化内涵和艺术感染力。只有做到设计新颖、布局合理、环境优美、功能齐全，才能充分满足广大市民大到高雅艺术欣赏、小到健身娱乐休闲的不同需求。

④ 广场交通流线的组织要以城市规划为依据，处理好与周边道路的交通关系，保证行人的安全。除交通广场外，其他广场一般限制机动车辆通行。

⑤ 广场的小品、绿化、物体等均应以“人”为中心，时时体现为“人”服务的宗旨，处处符合人体的尺度。

此外，根据地形特点和人类活动规律，在城市的特殊节点上发展小型广场是今后城市广场的一个发展方向。这些小型城市广场可以成为社区级的或小区级的中心，从一定程度上可以缓解城市的交通流量。

项目二　城市道路街区景观设计

城市道路街区景观设计大致可分为两个部分。一是道路上的交通工具、交通设施、交通管理以及人流等所涉及的动态景观因素，这是城市交通景观的内容；二是涉及道路空间内的各组成部分、道路空间的边界和边界环境的影响，以及道路空间与所属地段环境的关系等。

城市道路景观化就是设计行人或搭乘交通工具运动过程中所看到的街景（含步行、低速、快速等交通形式），也就是行人、驾驶交通工具的人以及乘客视觉中的道路环境的四维空间形象。

目前大城市居民每天在路途上所花的时间达一个多小时，现代化城市的交通设施占地多达30%~40%，所占空间甚大，交通景观已成为城市景观的重要部分

（1）城市道路街区景观设计的发展现状

回顾世界道路发展史,近八十年来大约经历了3个阶段。第一个阶段，是发展初期为了防止泥泞、保证车辆正常行驶，需要提供具有一定强度、平整度的晴雨天通车路面，当时人们的注意力集中在车行道的路面铺装与改进上。随着车辆的增加，行车拥挤，事故增加，人们又在平、纵、横的几何设计以及提高通行能力、改善交通组织和减少交通车故等方面下了很大功夫，这就是第二个阶段。然而世界性的汽车猛增，给社会、环境带来灾难性的影响，所以在景观上、社会上、环境上求得经济适用的城市道路系统，就成为世界道路发展的第三个阶段。

在设计上应用美学的原则已是当今道路发展的必然趋势。工程建设应利用已有美学成果去创建良好的交通环境。英国皇家城市规划学会前主席W.鲍尔讲道，“城市美观对于人们健康幸福是重要的，做不到这些就会失败”，并认为“美观和社会上的考虑必须与经济上的考虑同时进行，在某些情况下美学的考虑甚至是决定性的”。

（2）城市道路街区景观的设计分析

道路景观是视觉的艺术。视觉不仅使我们能够认识外界物体的大小，而且可以判断物体的形状、颜色、位置和运动情况以及在道路上的活动等。视觉可以使我们获得大约80%以

上的周围环境信息。现代的道路景观是一种动态的系统，即动态的视觉艺术，“动”是它的特点，也正是它的魅力所在。城市道路景观设计，着重于观察者以不同的运动速度，通过在道路上有方向性和连续性的活动观察到的城市道路景观印象。因此需要对行人、骑车人、司机、乘客的视觉特性从运动角度加以分析和研究，以便在道路景观与环境设计中能充分考虑到上述特性所带来的新问题与新概念。

道路空间是供人们相互往来、生活、工作、休息、购物与货物流通的通路。在交通空间有各种不同出行目的行人、骑车者、司机和乘客。为了设计城市道路景观空间的视觉环境，需要对不同的出行目的与乘坐（或驾驶、骑坐）不同交通工具等的道路交通空间活动的人们，所产生的行为特性与视觉特性加以思考，并从中找出规律性的东西，以此作为对道路景观与环境设计的一种依据。

为了了解人在道路空间活动的视觉特性，首先需要对在道路空间活动的人的行为特性进行分析。

道路因功能不同，有不同出行目的的人流与车流。由于各国的经济发展水平不同，人们出行的方式也不一样。出行的方式有乘坐公共交通工具如公共汽车、电车、地铁等；有乘坐私人机动交通工具如小汽车、摩托车等，此外，还有骑自行车的人和步行者。国外有些交通干道上步行人流较少，而我国的情况则不尽相同。步行、骑自行车的人较多，是我国的特点，也是在设计道路视觉环境时应注意的因素。

街道上的行人有过往的、购物的与游览观光的。过往的人流是从一个出发点到一个目的地，特别是上班、上学、办事的人员，行程上往往受到时间的限制，较少有时间在道路上停留；他们有时间感，来去匆匆，思想集中在“行”上面，以较快的步行速度沿街道的一侧行进，争取尽快到达目的地。道路的拥挤情况、步道的平整与否、街道的整洁与否、过街的安全与否等，这些对他们是重要的，只是有一些特殊的变化或吸引人的东西，才能引起他们的关注。购物者多数是步行，一般带有较明确的目的性，他们关注商店的橱窗陈列，注意商店的招牌，有时为购买商品而在街道两边来回穿越（过街）。他们中间有利用上下班间隙匆忙购物者，也有时间充裕的休息者。另有一类行人则以游览观光为目的，他们游街、逛景，观看熙熙攘攘的人群，注意街上人们的衣着、橱窗、街头小品、漂亮的建筑，在广场或休息处停下来欣赏街景或看热闹。

骑车者，每次出行均有一定的目的性，或通勤或购物或娱乐。他们在道路上多为通过性的，从一个地方到另一地方。目前自行车在不同城市与不同道路交通条件下，平均车速为10km/h~19km／h，特别是上下班骑车者多处于潮水般的车流之中，一般目光注意道路前方20~40m的地方，思想上关心着骑车的安全，偶尔看看两侧的景物，并注意自己的目的地。自行车作为个体交通工具，高于步行2~4倍的速度，骑车者在视野上、注意力集中点上以及对街景细节的观察上，必然与步行者有所区别。因此骑车者与步行者脑中的道路景观印象是有一定区别的。

机动车的使用者除了司机外还有乘客，尤其是坐在窗口的乘客和外地来的乘客，他们更注重城市街景的欣赏，这是一般乘客的心理状态，特别是外地乘客更希望利用公交看到更多的城市风光，因此要重视这种视觉与心理上的要求。

综上所述，道路上活动的车流、人流，这些用路者都是在运动中观察道路及环境。由于他们的交通目的性不同，因此在道路上也有不同的行为特性；同时由于他们的交通手段不同，还有不同的视觉特性。

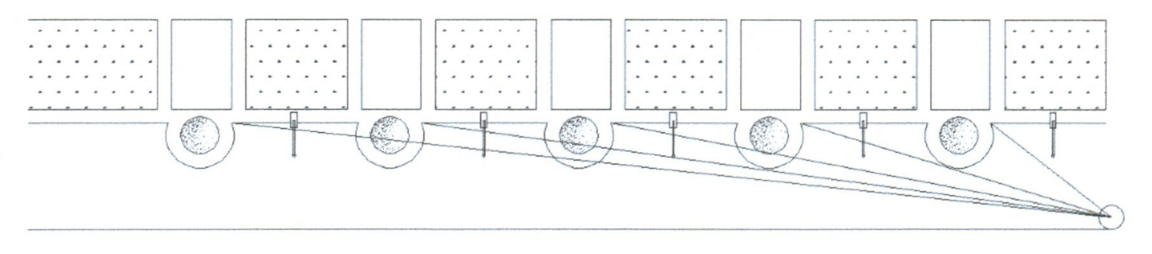

| 街景平面视点

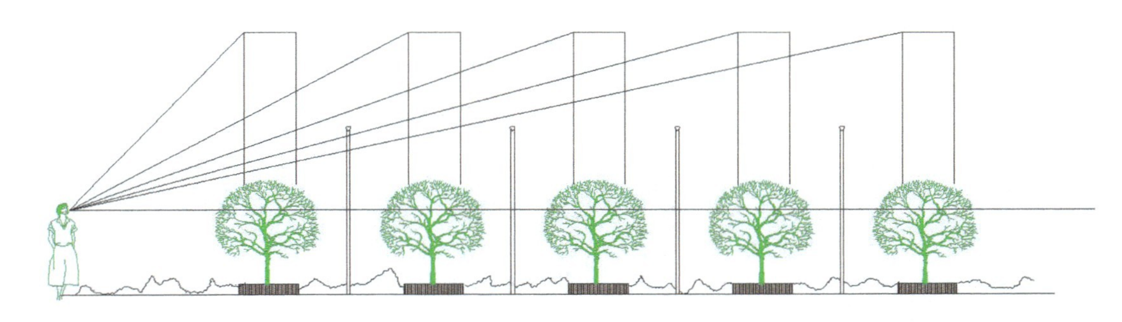

| 街景立面视点

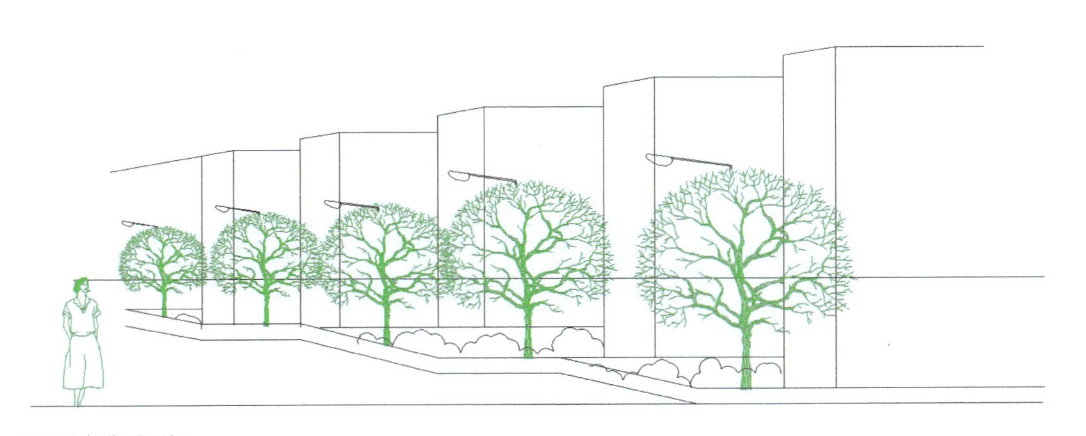

| 视平线与街景透视

一般用路者在道路上活动时，俯视要比仰视来得自然而容易。对道路空间视觉特性的研究分析表明，当汽车成为道路上的主要交通工具后，对交通干道、快速路的景观空间构成要考虑汽车速度，因此，这意味着一切景观的尺度需要扩大，建筑细部的尺寸要扩大，绿化方式需要改变，而且速度越高这种变化就越大。汽车时代产生的新视觉问题，要求设计人员用大尺度来考虑时间、空间变化，同时环境中也需要有特殊的吸引人的景观。这是技术进步给我们带来的划时代的革命，它是新的概念，是对传统观点的冲击与挑战。因此，用路者的视觉特性成为道路景观设计的重要依据，司机、行人、骑车者在道路上处于不同的观察位置，可能形成不同的印象。同时要考虑我国城市交通的构成情况和未来的发展前景，并根据不同的

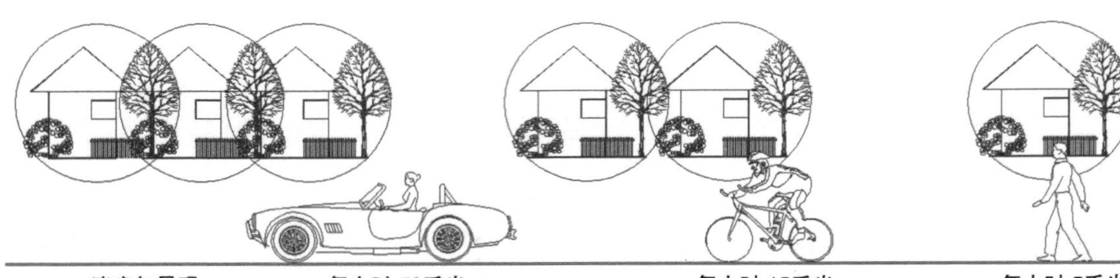

人与景观的视觉关系

道路性质、各种用路者的比例，做出符合现代交通条件下视觉特性与规律的设计，以提高视觉质量。

综上所述，在不同性质的道路上，要选择一种主要用路者的视觉特性为依据。如步行街、商业街行人多，应以步行者的视觉要求为主；有大量自行车交通的路段，景观设计要注意骑车者的视觉特点；交通干道、快速路主要通行机动车，路线要作为视觉线形设计对象，它的景观设计也要充分考虑到行车速度的影响。只有考虑到上述各种视觉特点，才能正确地应用到设计中去，也才能形成具有当代风格的道路景观。

（3）城市道路街区景观的设计内容

城市道路街区景观的设计大致可分为两个部分。

一是道路上的交通工具、交通设施、交通管理以及人流等所涉及的动态景观因素。

二是道路空间内的各组成部分以及道路空间的边界和边界环境的影响，再加上道路空间与所属地段环境的关系等。

城市道路街区景观设计的实质问题是城市道路美学形象化的问题，就是研究行人或交通工具运动过程中所看到的街景（含水行、低速、快速等交通形式），也就是行人、驾驶交通工具的人以及乘客视觉中的道路环境的四维空间形象。

城市道路街区景观设计主要根据道路的用路者的视觉特性、行为特性来研究道路对组织城市景观艺术形象的重要作用。通过对现代交通条件下不同用路者的观察位置受到交通规则限制的分析，以及对不同用路者的视觉特性的研究，探索城市道路与视觉环境一体化的设计方法，以创造具有当代风格与特色的城市道路景色。

对道路美学的研究最主要的是要考虑现代交通条件下各种用路者的视觉特性，根据道路的性质与功能，将道路分成若干视觉等级，选择一种主导的用路者的视觉特性作为分析道路环境的依据。如快速路与交通干道主要服务于机动交通，道路的尺度大，车速较高，那么道路本身线形以及与环境的配合，特别是建筑的平面布置与尺度必须要与之相适应。而商业街、居住区的道路主要是以步行交通和低速交通为主，因此考虑适合行人的视觉特点、活动特点以及和现代交通有便捷联系的道路环境是设计的主要出发点。

适应于现代生活的城市道路从规划与设计上已和步行、马车时代的设计思想有天壤之别。21世纪大城市的人们除步行街以外，已不能在大道上自由漫步，商业街区的人行道上充满着观光与购物的人流。现代化的交通工具代替了步行，很多人是坐上汽车、骑上自行车观察城市。

因此，在这种环境中，城市道路景观设计艺术的概念有相当成分已取决于人们乘坐不同交通工具在不同速度的运动中观赏（体验）到的一种动态视觉艺术，而且这种观赏又受到机动车道、自行车道、人行道的位置限制。特别是城市快速道路减少了人们的距离感，并且可以将相距较远的建筑物的印象串成一体，形成车窗景观。新的城市景观化概念中，要求建成的城市景观具有连续性，从视觉上看只有通过在道路上有方向性的活动才能达到上述目的。因此，道路是达到建成具有连续性环境的重要手段。

目前，城市快速路的车速高达50~80km／h，就是自行车平均速度也有12~15km／h。如北京长安街自行车的速度平均高达19km／h，骑车人在高于行人3~4倍的速度下行驶，在视觉特性上也必将产生一些变化。所以，针对乘坐交通工具的人在有方向性的活动中的动态感受（体验），要考虑到这种在一定速度下给人们迅速形成的街景印象。这种有方向性、连续性的活动是时代的技术进步所带来的，它必然使人们产生一些新的概念，并使人们不得不对城市设计、道路设计以及交通环境中的各种因素的看法产生一些新的观点，提出与过去不同的评价方法与标准。因此，城市景观道路街区的设计要添加时间与速度的概念。

项目三　城市住区景观设计

居住区是城市中一切行为活动产生的基础。人们在经过一天的紧张工作之后都要回到自己惬意的住区中进行休息、调整。因此，居住区的景观设计十分重要。居住区景观设计是在城市详细规划的基础上，根据计划任务和城市现状条件，进行城市中生活居住用地综合性的设计工作，它涉及使用、卫生、经济、安全、施工、美观等几方面的要求，以综合解决它们之间的矛盾，为居民创造一个适用、经济、美观的生活居住用地条件。

（1）城市住区景观设计的发展现状

通过城市景观设计，不仅可以提高社会、环境效益，而且在经济效益方面也可得到升值，这种直接的景观作用在城市居住小区的建设上尤为显著。在中国，在基本解决了居住面积问题之后，人们已不再满足于个人家庭内部的装修点缀，透过户外景观和环境，人们开始关注居住大环境的质量。近几年的开发建设实践证明，真正能够脱颖而出的住宅小区，并不仅仅是多植了一些花草树木，而是以全面的景观环境规划设计标准衡量。全面的住区景观环境规划设计至少需要考虑景观形象、日常户外使用、环境绿化这三个方面的内容。

我国的居住区建设始于1957年，采用原苏联居住小区的模式，当时的景观环境建设仅仅是“居住区绿化”而已——简单地种上几棵树木、铺上几块草地，住宅群中央设一块小区中心绿地……经过30多年的重复建设，这似乎已成了僵化的模式。这种模式显然缺乏对于景观设计形象、功能、绿化等方面的全面考虑。

在住房制度改革后，大量的住宅都是个人自筹资金购买的。对于多数购房者而言，这笔资金数目不小，必须经过审慎的研究、比较，以确认自己购买的不动产能够保值。随着人类对环境问题的日益重视，良好的社区内外环境已成为房地产市场中的有利因素。景观随时间而生长、扩大、美化，与建筑不同，景观从来都随时间的推移而增值。一家一户还不明显，而对于一些成批购房的集体、企业而言，为确保在今后长期的换房及房产转让中居于有利地位，就不能不在购置房屋时考虑景观环境因素。经济杠杆使人们切身体验到了住区景观环境的潜在价值。这是住房商品化的特征。要使每套住房都获得良好的景观环境效果，首先要强调居住区环境资源的均衡和共享，在规划时应尽可能地利用现有的自然环境创造人工景观，让所有的住户能均匀享受这些优美环境；其次要形态各异、环境要素丰富、院落空间安全安静，从而创造出温馨、朴素、祥和的居家环境。

现代城市住区景观设计是设计师、开发商、业主三结合的景观设计，在景观设计过程中不仅要了解市场动向，也需为开发商着想，尽量采用最为经济可行、最有实效的设计手法，以达成设计师与开发商的共识。

研究现代住区景观设计要把握基本点、原始点。现在住区景观规划设计变化迅速、五花八门，但是很多新想法来源于基本点，而且最核心的是如何回归到人的基本需求中，如何满足人的需要。这既是住区景观规划设计的出发点，也是其追求的终极目标。

住区景观环境最基本的需求氛围是“静”，绿化也好，环境场地也好，包括景观形象，其空间布局、材料选取，一切都应以创造宁静为标准。

除了“静”这一每个住区都应具有的共性之外，对于每一个具体的住区，最为重要的一点就是要具有可识别性，俗称“特色”。20世纪90年代以前，“欧陆风格”影响到居住区的设计与建设时，曾盛行过欧陆风情式的住区景观。20世纪90年代以后，居住区环境景观开始关注人们不断提升的审美需求，呈现出多元化的发展趋势，提倡简洁明快的景观设计风格。同时环境景观设计要更加关注居民生活的舒适性，不仅为人所赏，还为人所用。创造自然、舒适、亲近、宜人的景观空间，是居住区景观设计的又一趋势。

住区景观的标志特征有助于形成住区自身的形象特色，使居民产生家园的归属感，这种特色的创造，就是城市住区景观设计的艺术创作。崇尚历史、崇尚文化是近来居住景观设计的一大特点，开发商和设计师不再机械地割裂居住建筑和环境景观，而开始在文化的大背景下进行居住区的规划和策划，通过建筑与环境艺术来表现历史文化的延续性。

现代城市住区景观设计的发展重点是以人为本，而以人为本的终极目标是人们对住区景观环境的整体感受，即住区景观给人带来的家园感、花园感和安全感。安全的住区景观可以带来家园感，安静的住区景观可以造就花园感，安心的住区景观可以创造安全感。

（2）城市住区景观的设计分析

随着社会的不断进步，人们对居住区景观的要求不断提高，进而使开发商和设计师对住区景观的设计有了更高的追求。

现在的住区景观环境设计，不仅讲究绿化的形态，讲究植物质感与色彩的配置，还要讲究植物群落的生态化布局。不是简单的“绿化”，而是讲究生态的绿化。住区景观环境规划设计不仅仅是绿化的问题。从创造生态环境考虑，需要对以下的因素进行规划。

① 分析住区的朝向和风向，开辟、组织住区风道与生态走廊。

② 考虑建筑单体、群体、园林绿化对于阳光与阴影的影响，规划阳光区和阴影区。

③ 最大限度地利用住区地面作为景观环境用地，甚至可将住宅底层架空，使之用作景观场地。

④ 发挥住区周围环境背景的有利因素，或是借景远山，或是引水入区，创造山水化的自然住区。要创造青山绿水中的风水宝地，首先就需要这种“大手笔”的景观环境规划构思。

景观方面，城市住宅小区景观环境在城市景观点、线、面的构成中属于量大面积的“景观面”，其景观环境建设对于城市整体景观环境的质量至关重要。住宅小区与现代城市人工作、生活、娱乐三元素一一对应，以其特有的自然、宁静的景观环境成为那些钢筋水泥的办公环境的缓冲器。亲近、宜人的居住环境是城市人内在的需求。毕竟，城市人有一半，甚至是2/3的时间花费在住区之中，住区景观环境的质量直接影响着人们的生理、心理以及精神生活。对于住区景观环境规划设计中的景观问题，设计者需要将自己置于住户的位置，在满足日照、通风等条件下，最大限度地为其争取良好的视觉景观，或在住户无景可观时，适时适地地造景或组景；此外，还要善于利用住区外部的景色，将住地外的风景“借入”社区之中。这种手法在中国古典园林设计中应用较多，在今后仍有很高的借鉴意义。总之，对于住区景观的规划设计需要考虑以下几点。

① 借景：争取每户都有望向住区之外的景色。

② 绿满全景：在住区内，利用绿化、地形、建筑、景观小品，尽量组织通透深远、层次丰富的景观视觉空间。

③ 以曲代直：在住区环境空间的布局形态上避免横平竖直的形态，代之以自由曲线形的布局，还住区自然园林空间的本来面目。

④ 与众不同：创造出其他住区所没有的景观形象。

住区景观环境规划设计要提供充足丰富的户外活动场地。在现代居住区规划中，传统的空间布局手法已很难形成有创意的景观空间，必须将人与景观有机融合，从而构筑全新的空间网络：亲地空间，增加居民接触地面的机会，创造适合各类人群活动的室外场地和各种形式的屋顶花园等;亲水空间，居住区硬质景观要充分挖掘水的内涵，体现东方的理水文化，营造出人们亲水、观水、听水、戏水的场所；亲绿空间，硬软景观应有机结合，充分利用车库、台地、坡地、宅前屋后，构造充满活力和自然情调的绿色环境；亲子空间，居住区中要充分考虑儿童活动的场地和设施，培养儿童友好、合作、冒险的精神。为此，需要考虑以下几点。

① 动态性娱乐活动与静态性休憩活动的结合与搭配。

② 公共开放性场所与个体私密性场地并重。

③ 开敞空间与半开敞空间并重。

④ 立体化的空间处理。例如，底层架空，用作公共活动场所，以提供充足的户外公共活动场地。

住区活动场所要满足不同年龄、不同兴趣爱好的居民的多种需要。因此，在社区建设中适当地辅以娱乐活动设施有其特定意义。较为小型的活动设施可分散布置，并使其景观化；规模较大的娱乐项目，适于集中建设，再设置景观缓冲带予以隐蔽；对于公共活动空间的景观设计，既要保证有适量的硬质场地和美观适用的室外家具，也要保留具有一定私密感的安静场所。

综上所述，景观形象、功能使用、生态绿化是住区景观设计的重点内容，住区景观环境的功用也体现在这三个方面。对于住户而言，住宅区景观环境首先是一处可供使用的公共场所。这种公共场所既可向住户提供开放的公共活动场地，也可满足住户个人的私密空间需求。住区公共场所不仅可以通过绿化的环境、美化小品设施吸引住户走出居室，为住户提供与自然界万物的交往空间，还可以就近为住户提供面积充足、设施齐备的软质和硬质活动场地，使之加入公共活动的行列，提供住户之间人与人交往的场所，进而从精神上创造和谐融洽的社区氛围。

（3）城市住区景观的设计内容

城市住区景观设计的内容包括硬件和软件两个方面，分别称为物质环境和精神环境。这两方面必须互相依存，否则会失去环境的可居住性，失去生态平衡。

物质环境是指物质设施、物理因素的总和，是有形的环境，包括自然因素、人口因素、空间因素，具体是指住宅建筑、公共设施、各类型的构筑物、道路广场、绿地、娱乐设施和自然环境，亦可称之为硬环境。

精神环境是无形的环境，如生活的便利性、文脉特色、舒适水平、信息交通、安全水平和秩序、归属感等，它是社会性、社区性、邻里性的集中体现，亦可称之为软环境。

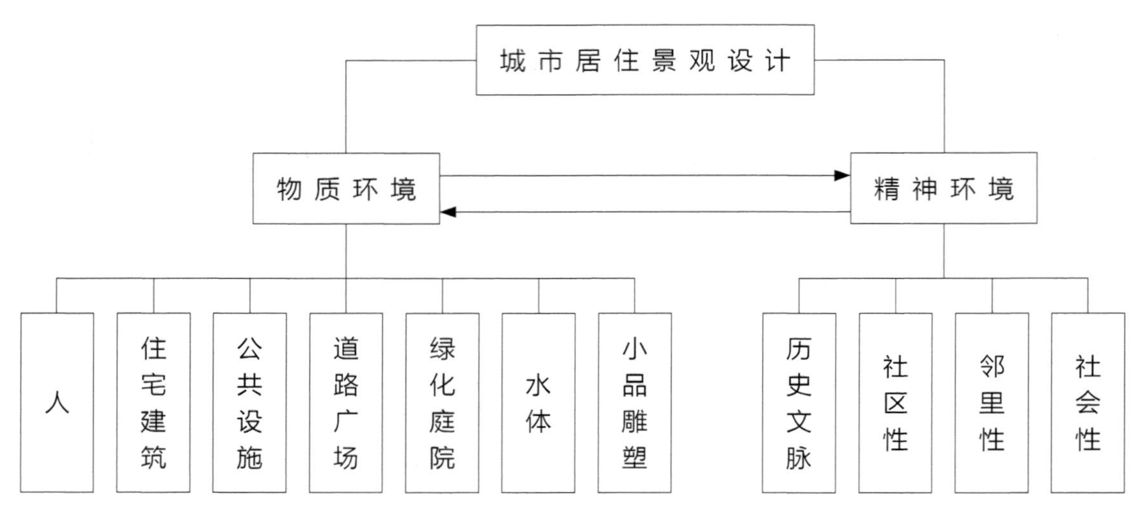

居住景观的设计内容

现代居住小区是硬环境与软环境的综合统一，它协调着人与交通、人与建筑、人与自然环境、人与公共空间、人与人之间的交往以及居住与生活、居住与交往、居住与娱乐休闲等各方面之间的关系。

为了创造出具有高品质和丰富美学内涵的居住区景观，在进行居住区环境景观设计时，硬软景观要注意美学风格和文化内涵的统一。需要指出的是，在具体的设计过程中，景观基本上是建筑设计领域的事，又往往由园林绿化的设计师来完成绿化植物的配景。这种模式虽然能发挥专业化的优势，但若得不到沟通就会割裂建筑、景观、园艺之间的密切关系，带来建筑与景观设计上的不协调。所以应在居住区规划设计之初即对居住区的整体风格进行策划与构思，对居住区的环境景观做专题研究，提出景观的概念规划，这样，从一开始就把握住硬质景观的设计要点。在具体的设计过程中，景观设计师、建筑工程师、开发商要经常进行沟通和协调，使景观设计的风格能融化在居住区的整体设计之中。因此，景观设计应是发展商、建筑商、景观设计师和城市居民四方互动的过程。居住区景观设计主要包括的内容有：

① 选择和确定居住区的位置、用地范围；

② 确定人口和用地规模；

③ 按照确定的居住水平标准，选择住宅类型、层数、组合体户室比及长度；

④ 确定公共建筑项目、规模、数量、用地面积和位置；

⑤ 确定各级道路系统、走向和宽度；

⑥ 对绿地、室外活动场地等进行统一布置；

⑦ 拟定各项经济指标；

⑧ 拟定详细的工程规划方案；

⑨ 居住区规划应符合使用要求、卫生要求、安全要求、经济要求、施工要求和美观要求等。

向自然回归的住区设计理念

城市住区景观设计项目的内容交叉涵盖了城市广场景观设计项目和城市道路景观设计项目，是全面学习城市景观设计的综合应用项目。

综上所述，城市景观设计是一门综合性应用学科。为了更好地学习城市景观设计的实践方法，本书去繁从简，将城市景观设计的学习划分为以下三个学习阶段。

第一阶段为基础认知阶段，以某城市为实践领域设置学习任务，通过了解该城市的演进与发展，调查该城市地域面积及人口规模，分析归纳出该城市的景观结构。

第二阶段为项目学习阶段，通过对具体城市的剖析解构，设置城市广场景观设计、城市道路景观设计以及城市住区景观设计3个项目。项目设置从简单到复杂，通过技能实践加强学生对城市景观设计各领域的认知，掌握城市景观设计的方法。

第三阶段为案例赏析阶段，展示优秀的项目案例，为实现纵览全局的城市景观设计意识打下坚实的基础。

城市景观设计项目实训篇

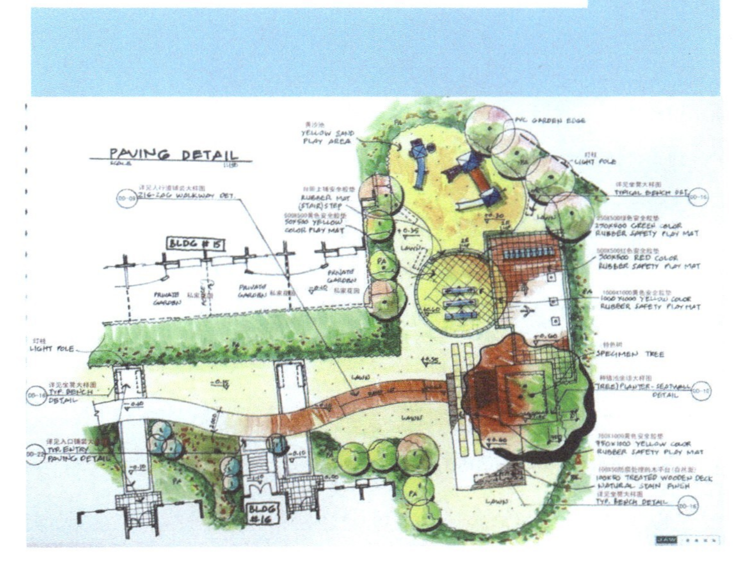

城市是人类文明的最高级载体，是文化的顶峰，是生活秩序的物化表现。人的活动需要相应的设施，从神庙、宫殿、市民住宅、公共建筑、现代的大卖场到街道、广场和公园，每一种城市元素都在为城市的运转散发着能量，它们的共同协作将城市构成一个复合性结构。

本篇通过城市景观设计的三个典型应用——城市广场景观设计、城市道路景观设计、城市居住区景观设计，训练读者的设计能力。每个应用挑选典型的工作项目作为实例，带领读者了解实际的设计方法、设计原则和设计成果，锻炼读者举一反三的能力。

01

项目一 | 城市广场景观设计

如果把城市景观看成点、线、面的组合与构成，那么城市广场就是组成城市景观的点，所以城市广场景观设计是城市景观设计的缩影。

今天，城市的概念发生了巨大的变化。在过去单一的城市结构中，广场常常是唯一的。随着城市结构的不断复杂化，城市空间出现了分级现象，城市广场也随着城市结构的变化而出现了等级，城市中心广场、城区中心广场、街道广场和社区广场在城市空间结构以及城市生活中扮演着不同性质的角色。

现代化的生活使人们在充满竞争和压力的工作之余渴望获得良好的休息和恢复。在这种情况下，城市广场景观设计不但要一如既往地为使用者提供怡情、放松的场地，还要促进使用者更加积极主动地调整自身的生理、心理状态。现代的城市广场设计必须从公众使用、生态绿化、城市景观三方面出发，以满足公众的需要为目的，在一定程度上展现出城市风貌和文明程度。

任务与实施

任务——掌握城市广场景观设计的方法，具备城市景观设计表现的能力。

实施——以专业技能素养的形成过程为任务阶段，依次如下。

（1）准备阶段的任务：能够对城市广场进行现状分析与功能定位 。

（2）策划阶段的任务：能够对不同类型的城市广场进行创意构图与设计。

（3）设计阶段的任务：能够对城市广场的景点进行单体设计。

（4）文本编制阶段的任务：具备完成城市广场景观设计的技术能力。

重点与难点

了解城市广场景观设计的内容与要求，掌握城市广场景观设计的构图原则和方法。

能力目标

旨在培养“设计表达”的技能，具备正确表达一系列的设计理念与具体意图的能力。

项目实训技能与成果

（1）中级手绘：具备相当的手绘水准，并能创造出包括手绘透视图在内的堪为典范的精品。

（2）分组图纸排版：一个完整的设计成果往往是从内在逻辑关系上分成若干部分，从原先单张图纸的“各扫门前雪”到兼顾上下相邻图纸之间表达风格与逻辑关系的某一部分图纸的排列，其间不仅是数量的变化，还意味着开始着眼于设计的全局统筹部署。

（3）分析图的初步设计与绘制：培养和训练分析图的设计能力是非常重要的，它是一个设计表达的核心部分。

（4）小型设计：能够独立完成小型设计项目。要明白，再小的设计也是一个整体，形式设计与基于对项目深入分析的理念齐头并进不可偏废。

任务一 | 准备阶段

任务 能够对城市广场进行现状分析与功能定位。

目标与要求 形成对城市广场景观设计原则与要求的整体认知，掌握城市景观设计的分析方法。

案例与分析

作为城市广场景观的设计者，面临的首要问题是城市广场景观设计的内容是什么？如何设计？通过如下案例的展示与分析，我们首先来了解城市广场景观设计的内容与要求。

以鹤岗市振兴广场景观设计为例。

| 振兴广场夜景鸟瞰

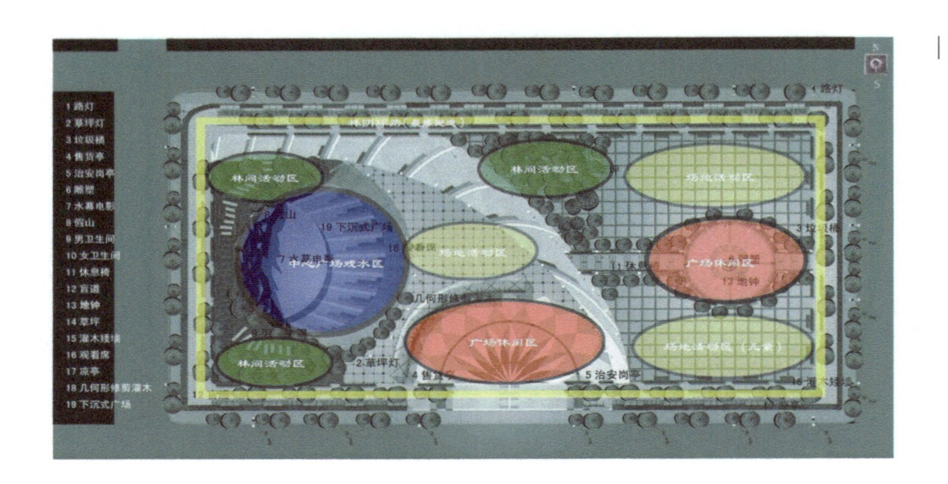

振兴广场功能分区

振兴广场概况：该广场位于鹤岗市向阳区的中心地带。向阳区是鹤岗市政府、矿务局办公大楼所在地，是鹤岗市政治、经济、文化中心。

振兴广场设计构思：经对场地实际踏勘调查后，振兴广场的设计构思主要从形象、功能、环境三方面入手分析，构思原则主要包括以下几点。

（1）地块分析

该广场占地面积2万平方米，长200米，宽100米，属中型城市广场。

（2）功能分区

按功能分为中心广场、广场休闲区、林间活动区、场地活动区、林荫环路，通过景观主轴线与辅助轴线，使广场的功能独立且有机统一。

中心广场位于广场中心，面积约3 500平方米，以巨型假山、大型水幕电影、旱地喷泉组成，主要提供水幕电影、激光喷泉表演、综合娱乐功能。作为广场的核心区，满足各年龄层市民的需要。

广场休闲区由雕塑、地钟组成。雕塑通过锻铜浮雕与彩钢圆雕表现鹤岗市的历史与未来，与地钟共同表现历史与发展的主题，形成观赏历史文化、畅想未来的休闲文化区。

林间活动区以软质景观为主，采用自然型园林设计手法，通过本地区适宜的树种、植被的合理配置，形成相对安静的功能区。

场地活动区由儿童、青少年、中老年活动区3个部分组成。以广场砖硬质铺装为主，形成开阔的活动空间，主要为成年人、老年人携带幼儿、青少年共同游玩提供活动空间，满足各年龄段人群对广场功能的个性化要求；通过道路、植物绿化带有组织的分离，避免相互干扰。

林荫环路布置在广场周边，由灌木绿化带、塑胶跑道、休息亭、落叶乔木组成。主要实现晨练跑步、散步功能。减少动态人流对广场内部的干扰。

假山的北、南、东侧以密林植物为主，构成林、树、花、草的自然景观；林间小径，休闲座椅形成了阅读休闲“静区”。

（3）广场设施

广场根据不同位置与需求，配置了管理办公室、公厕、休闲长椅、花廊、亭、小品、高杆灯、地灯、草坪灯、背景音乐、旱地激光喷泉、水幕电影、零售商亭，并通过设施的匹配形成景观动线及功能分区标识。

（4）生态作用

尊重自然、关注环境。在满足广场功能的基础上增大绿地面积，使广场建成后对周边环境品质起到提升作用，拉动周边地段升值，创造附加经济效益。

城市广场的建设是自由、平等思想在城市建设中的具体反映，也是城市管理者重视市民社会地位、营造城市文化的具体措施，城市广场设计应突出体现上述思想原则，实现社会效益、经济效益、环境效益的平衡。

知识与技能：

在城市景观广场设计的准备阶段，首先应该了解广场的规模，明确设计的定位，再围绕主要设计内容——广场的形象、功能、环境展开准备工作。

1. 了解广场规模

城市广场是满足大众群体聚集的大型场所，所以要求广场要有一定的规模，广场的尺寸不同、规模不同，规划设计方法也不一样。例如，振兴广场用地20万平方米，属中型城市广场，长短边比例为1:2，空间尺寸条件属不佳范畴，在设计中将景观主轴线与长边中轴重合，将空间划分为3个主要部分，改善空间尺度，通过透景线使3个部分对景呼应，相对独立。另外，城市广场景观设计还有容量要求。容量指广场设计的密度，占地面积相同的广场，通过设计可以容纳1万人，也可以容纳3万人。所以容量控制是在设计前就应该有预期的。

2. 明确设计定位

定位主要指广场在城市或区域中所处的位置，即是面向全市的还是面向一个区的。定位包括设计水准和风格。设计水准通俗的表达就是设计的定位是符合当地水准的，还是国际水准的。设计的风格可释义为规划设计的取向、风格，包括是欧陆式的，还是比较传统的中国园林式的，是比较开敞空旷的，还是比较封闭幽静的，这些都应根据具体情况具体分析。

3. 研究设计内容

城市广场景观设计的内容是围绕形象、功能、环境3个方面展开的。

（1）广场的形象设计——广场中的主要景观设计

广场中的主要景观是广场形象的集中展现，也是城市形象展示的窗口，因此，首先需要选择符合设计定位的主要景观，为广场设计确定主要方向。例如，振兴广场的主要景观是巨型假山、大型水幕电影、旱地激光喷泉及通过锻铜浮雕与彩钢圆雕表现鹤岗市历史与未来的雕塑与地钟，它们共同展示着城市形象。

巨型假山群景观

广场雕塑景观

| 硬质场地活动及观演区

| 林荫环路局部

（2）广场的功能设计——人们如何使用广场

广场的功能设计离不开使用广场的人，离不开人的行为及其精神需求，对人们在环境中的行为心理予以分析，可以使城市景观设计更加具体和有针对性。城市景观设计中环境、行为和心理研究的范畴主要涉及各种尺度的环境场所，使用者群体心理以及社会行为现象之间的关系和互动。

①空间、场所和领域。

空间是由三维尺度数据限定出来的实体。

场所是有明显特征的空间。一般认为，场所的三维尺度限定比空间要模糊一些，通常没有顶面或底面，它依据中心和包围它的边界两个要素而成立，强调一种内在的心理力度，吸引和支持人的活动。

领域的空间界定比场所更为松散，这个概念最早出现在生物学中，是指某个生物体的活动影响范围，后来引入心理学中，是指人类的行为具有某种类似动物的特性，这些特性称为人类的领域性。对应于人类的景观感觉而言，空间是通过生理感受界定的，场所是通过心理感受界定的，领域则是基于精神方面的量度。所以，建筑设计的工作边界多以空间为基准，而景观设计的边界要以场所和领域为基准。从“空间”到“场所”再到“领域”，是一个从明确实体的有形限定到非实体无形化的转换过程。

②景观中的人类行为。

人类的户外行为规律及其需求是景观规划设计的根本依据。一个景观规划设计的成败，归根结底就看它在多大程度上满足了人类户外环境活动的需要，因此，分析景观中的人类群体行为及大众思想，是城市景观设计前的重要工作。

最常见的人类的需求主要分成生理需求、安全需求、社交需求、尊重需求和自我实现需求5类，依次由较低层次到较高层次。城市景观设计强调开放空间，我们关注的行为也是人在户外开放空间中的行为，诸如人在街道中、公园里、广场上、学校大门口的活动等。我们可以将这些活动归纳为3种基本类型：必要性活动、选择性活动和社交性活动。

/ 必要性活动就是人类因为生存需要而必须进行的活动，如等候公共汽车去上班就是一种必要性活动，它的最大特点就是基本上不受环境品质的影响。

/ 选择性活动就是诸如散步、游览、休息等随主体心情变化而选择的活动。选择性活动与环境的质量有很密切的关系。主体随当时空间条件变化和心情变化而随机选择空间场所。

/ 社交性活动也称参与性活动，不是单凭主体个人意志支配的活动，而是主体在参与社会交往中所发生的活动，如交谈、聚会等。社交性活动与环境品质的好坏也有相当大的关系。

人的上述三类活动都与环境因素有关，选择性活动受环境因素的影响最大，社交性活动也受一些影响，必要性活动就基本上不受影响了。景观设计就是在保证人的必要性活动空间的基础上，创造优美的环境品质以促进人的选择性与社交性活动的进行。振兴广场按照年龄结构对广场使用功能进行精心组织与设计，形成老年活动区、中青年游览区及儿童游戏区，由此可以看出，人的行为与使用决定了广场设计的景观价值与功能体现。

（3）广场的环境设计——广场的生态作用和绿化作用

目前国内广场普遍忽视环境因素，硬质铺地过大，绿化缺乏，即便是有绿地，也往往为平面型的，缺乏立体型绿化。就城市广场绿化而言，南方城市需要阴影，北方城市需要阳光。因为如果南方城市广场都以大片硬地、草地为主，就很难满足大众庇荫遮阳的基本户外活动需求。振兴广场尊重自然关注环境，在满足广场功能的基础上增大绿地面积，这是我们做设计时必须要考虑的环境问题。

准备阶段任务小结

本阶段任务旨在对城市广场景观设计内容加以深入了解，掌握景观设计初期场地环境、人们的行为与心理对城市广场景观设计的影响；通过准备阶段的学习，能够对城市广场景观设计初期进行现状分析与功能定位，形成对城市广场景观设计原则与要求的整体认知，从而掌握城市景观设计的分析方法。

任务与实践

以小组为组织形式，收集有关城市景观广场的图文资料，通过分析一套或多套案例中广场景观设计在形象、功能、环境三方面的内容和表达形式，得出你对如何判断广场景观设计优劣的方法。

成果与提交

撰写一篇字数在1000~2000的小论文，召开班级论文交流会议，各小组派代表进行论文宣读交流。

牛角坡道

花廊

任务二 | 策划阶段

任务 能够对不同类型的城市广场进行创意构图与设计。

目标与要求 掌握城市广场景观设计创意与构图的方法技巧。

案例与分析 北京中关村东入口广场。

中关村科技园区东入口规划设计的区域约40公顷，设计的目标是集中体现科技园区的科技发展历史和文化内涵，创造一处简洁明快、富有现代气息、宜于人们参观浏览和人群集散的场所。景观设计中采用科技园区的标识图案作为基本设计主题。在核心景观区的设计构思中，将文化创业碑墙和广场主体设计成为园区标志性的构图，使之成为大地景观。

设计创意

130米长的广场主体布置整齐的树阵，缓缓抬高，伸入高约5米的山丘中，直指西山；3片黑色花岗岩建成的景墙螺旋着随势上升，简洁有力，上面铭刻中关村科技园区的历史大事及名录；景墙与主体广场交接处放置雕塑，其下有雾喷泉水池；在主体广场与景墙围合处，是螺旋形的音乐喷泉，水随乐起，充满活力；而在主体广场的南侧，则以灌木带、小径、点状乔木等形式构建了一个“比特空间”，有如电路板的形式，充满趣味。

知识与技能

1. 从几何形体到景观设计

北京中关村东入口广场设计师将中关村科技园区的标识进行了三维的二次重组，一次是通过广场主体、景墙等构建了一个平躺于地面的中关村标识；二次是通过21米高的蓝色雕塑重现了立体的标识。强调广场的纪念性、多义性和亲民性。

由此案例我们可以看出，景观设计的创意与构图和几何形体之间有着密切的联系，掌握几何形体的重组与构成，是完成城市景观设计构图与创意的基本技能。

几何形体始于3个基本的图形：正方形、三角形、圆。如果我们把一些简单的几何图形或由几何图形换算出的图形有规律地重复排列，就会得到整体上高度统一的形式，通过调整大小和位置，就能从最基本的图形演变成有趣的设计形式。所以重复是组织中一条有用的原则。

平躺于地面的中关村标识

蓝色雕塑重现了立体的标识

（1）矩形模式

迄今为止，矩形是最简单和最有用的设计图形，它同建筑原料形状相似、易于同建筑物相配。在建筑物环境中，正方形和矩形或许是景观设计中最常见的组织形式，原因是这两种图形易于衍生出相关图形。下面就是应用矩形模型进行设计的实例。

① 正方形网格线对概念性方案设计的作用。

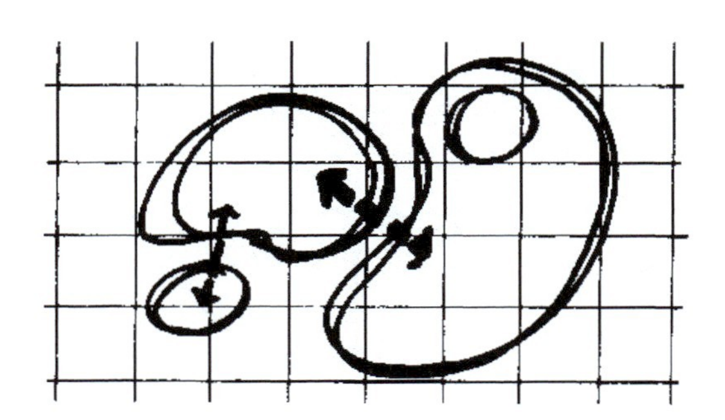

用正方形的网格线铺在概念性方案的下面，就能很容易地组织出功能性示意图

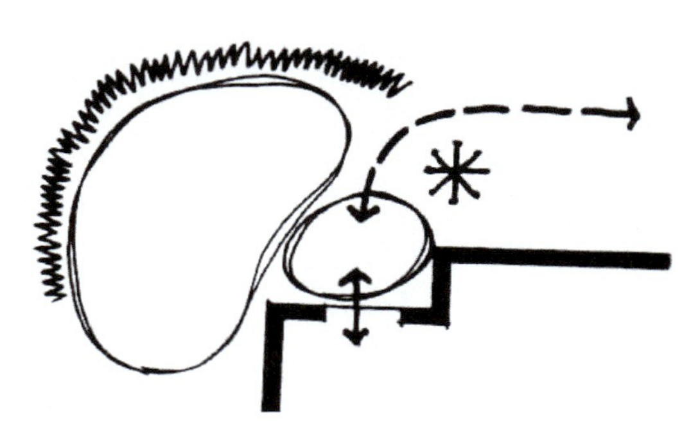

在概念性方案中，圆圈和箭头分别代表功能性分区和运动的走廊

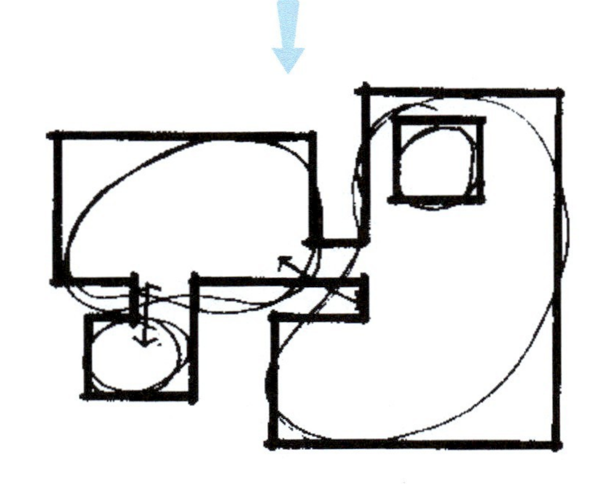

通过正方形网格线的引导，概念性方案中的粗略形状将会被重新改写成边界清晰的概念图。这些新画出的、带有90° 拐角和平行边的盒子一样的图形，就被赋予了新的含义

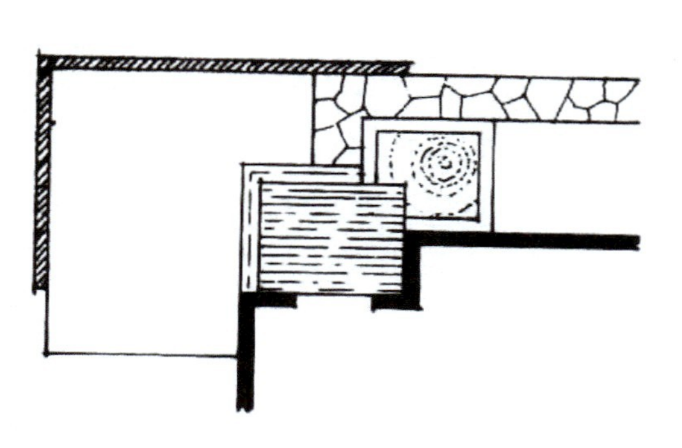

在概念性方案中用一条线表示的箭头变成了用双线表示的道路的边界，遮蔽物符号变成了用双线表示的墙体的边界、中心焦点符号变成了小喷泉。在最终的设计图中，线条代表实际的物体，是实物的边界线，显示出从一种物体向另一种物体的转变，或者是一种物体在水平方向的突然转变

② 抽象思想到实际物体的转化依据。

这种矩形模式最易与中轴对称搭配，它经常被用在要表现正统思想的基础性设计中。矩形的形式尽管简单，但它也能设计出一些不寻常的有趣空间，特别是把垂直因素引入其中。把二维空间变

为三维空间以后，由台阶和墙体处理成的下沉和抬高的水平空间的变化，丰富了空间特性。

（2）三角形模式

不同的模式会形成不同的构图，为比较两种方法的差异，这里还用矩形模式的概念性设计方案图，不同的是用等腰直角三角形网格作铺垫。

三角形模式带有运动的趋势，能给空间带来某种动感。随着水平方向的变化和三角形垂直元素的加入，这种动感会越加强烈。

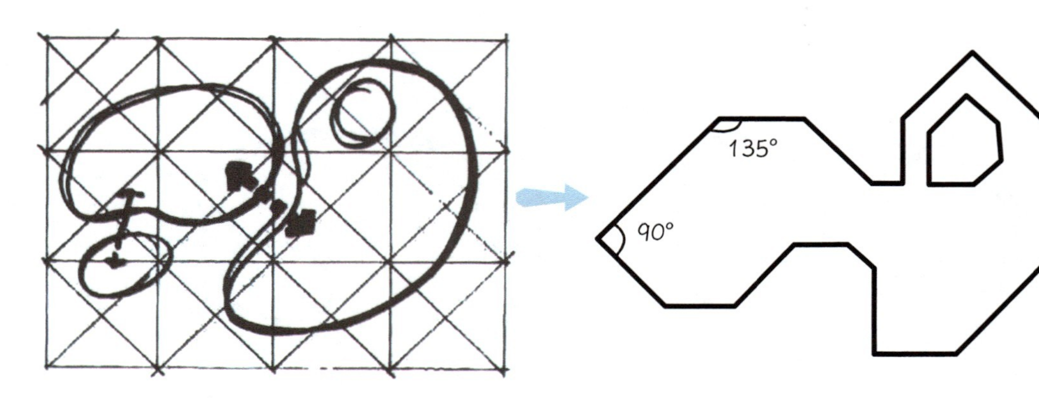

附有等腰三角形网格线的概念图

重新画线使之代表物体或材料的边界，这一水平变化的过程很简单。因为下面的网格线仅是一个引导模板，因此没必要很精确地描绘上面的线条，但重视其模块并注意对应线条之间的平行却很重要，最终得到边界清晰的概念图

（3）六边形组合构图设计

① 六边形的组合。

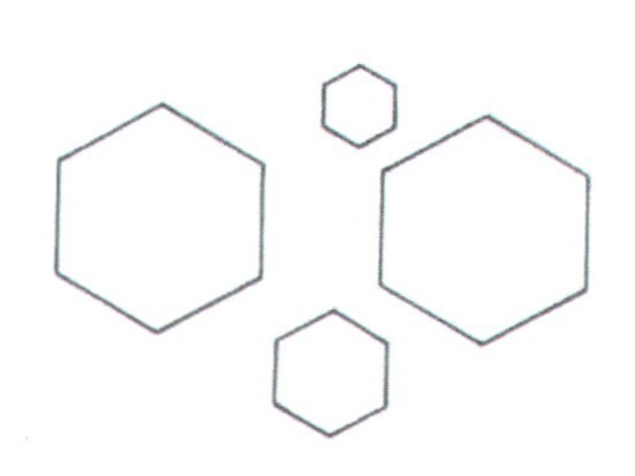

根据概念性方案图的需要，可以按相同尺度或不同尺度对六边形进行复制，形成多个不同六边形的组合

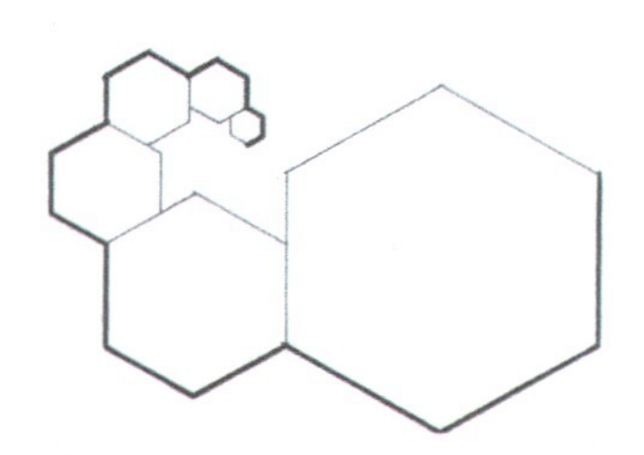

六边形放在一起，使它们相接或相交，形成螺旋的六边形

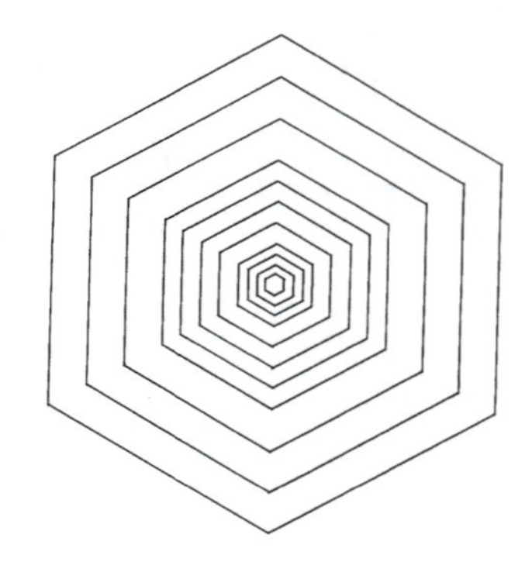

镶嵌的六边形

② 六边形模式设计实例。

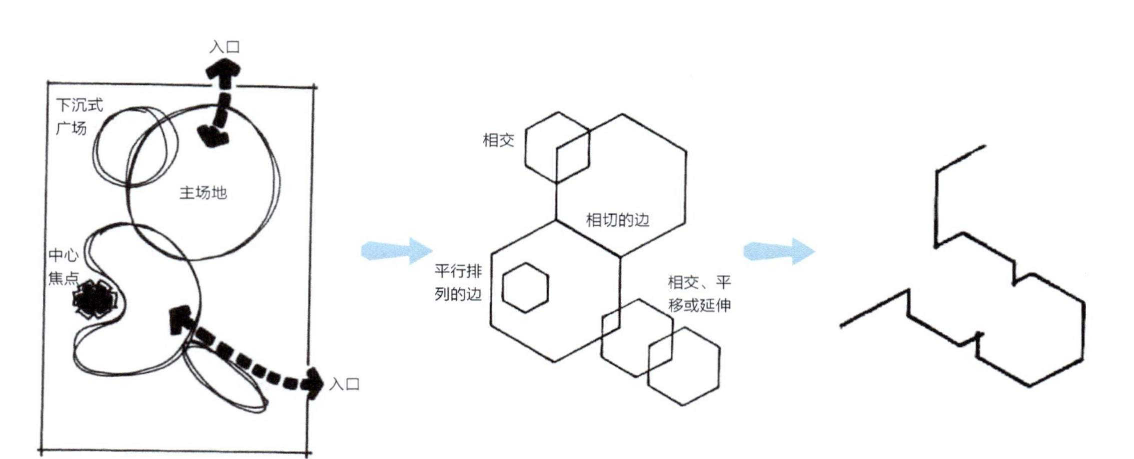

以概念性方案为底图，决定六边形空间位置及大小的安排

依据概念图布置的六边形组合

预使空间表现更加清晰，可用擦掉某些线条、勾画轮廓线、连接某些线条等方法简化内部线条

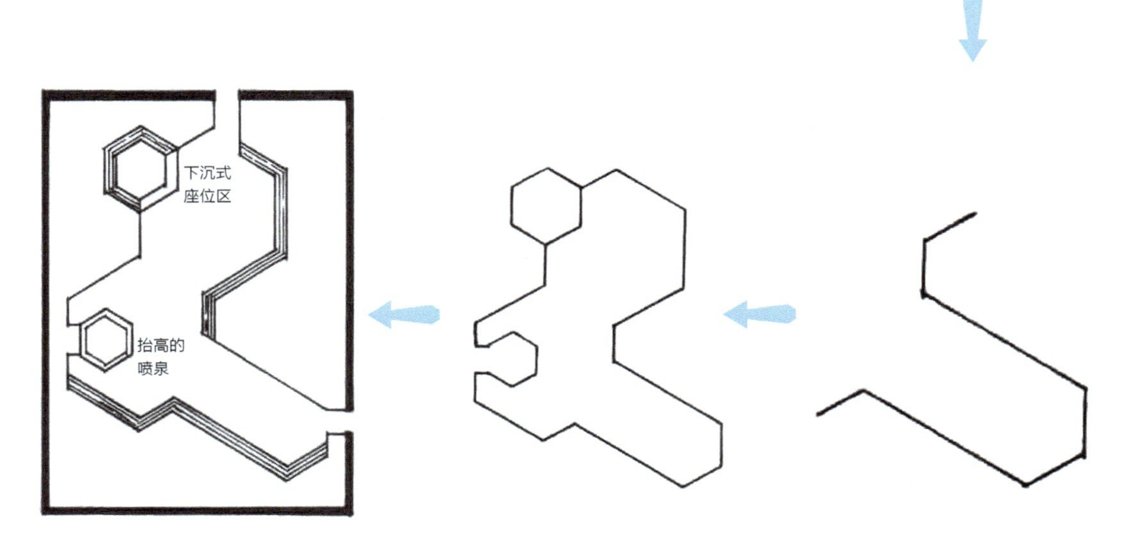

需要注意的是，避免锐角在环境空间中的出现，所以线条应简化

边界清晰的概念图，这时的线条已表现实体的边界

边界的细部处理。根据设计需要，可以采取抬高或降低水平面，突出垂直元素或发展上部空间的方法来开发三维空间

（4）圆形模式

单个圆形设计出的空间将突出简洁性和力量感。多个圆在一起所达到的效果就不止这些了。

①多圆组合。

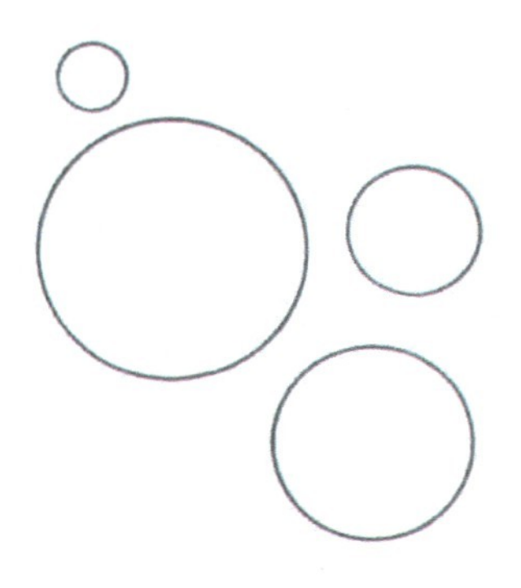

多圆的组合。基本的模式是不同尺度的圆相叠加或相交。从一个基本的圆开始，复制、扩大、缩小

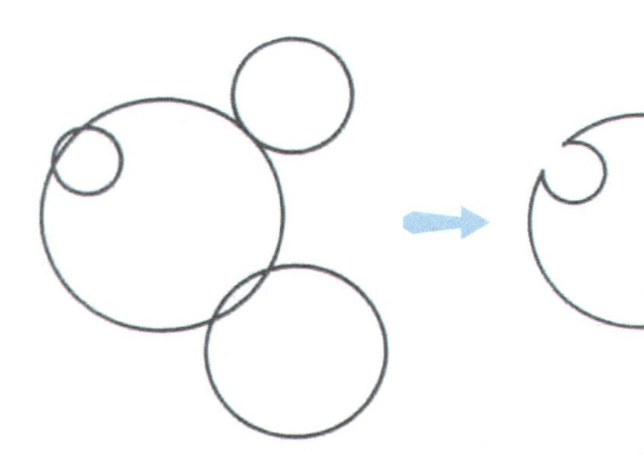

当几个圆相交时，把它们相交的弧调整到接近90°，可以从视觉上突出它们之间的交叠。避免两圆小范围的相交，这将产生一些锐角，也要避免画相切圆。除非几个圆的边线要形成“S”形空间

形成不利于场地设计的锐角空间

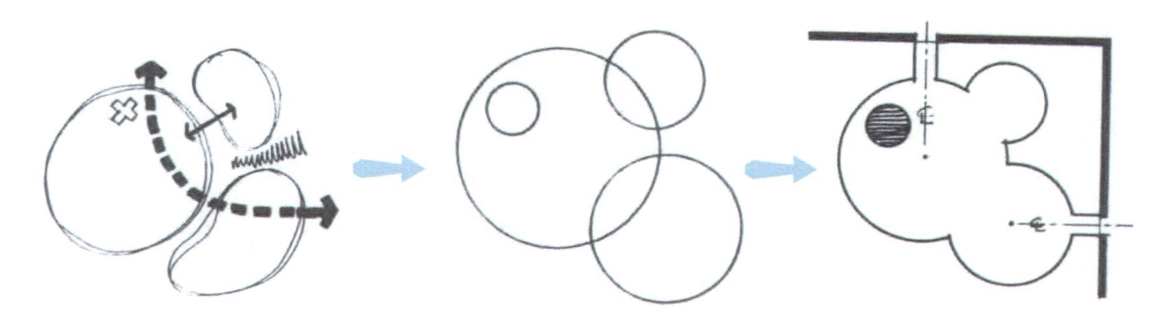

概念图

圆的尺寸和数量由概念性方案所决定，必要时还可以把它们嵌套在一起代表不同的物体，依据概念图形成多圆组合

用擦掉某些线条、勾画轮廓线、连接圆和非圆之间的连线等方法简化内部线条；连接如人行道或过廊这类直线时，应该使它们的轴线与圆心对齐以形成场地环境

② 同心圆和半径。

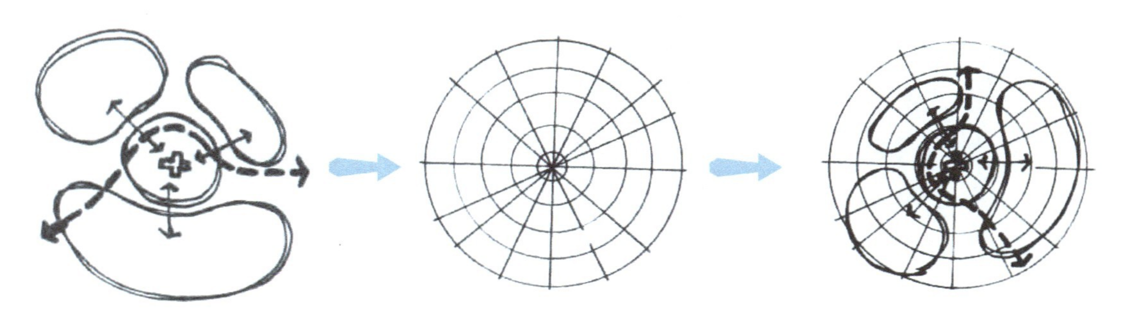

始于概念图

准备有半径的同心圆模板

把模板置于图下，形成附有模板的概念图

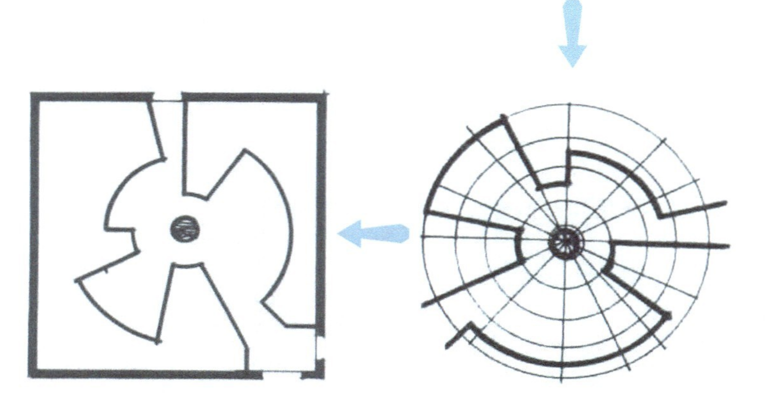

擦去某些线条以简化构图，与周围的元素形成90° 的连线。最后形成场地环境

根据概念性方案中所示的尺寸和位置，遵循网格线的特征，绘制实际物体平面图。这些线条可能不能同下面的网格线完全吻合，但它们必须是这一同心圆发出的射线或弧线，从而勾勒区域边界

③ 圆弧和切线的设计应用实例。

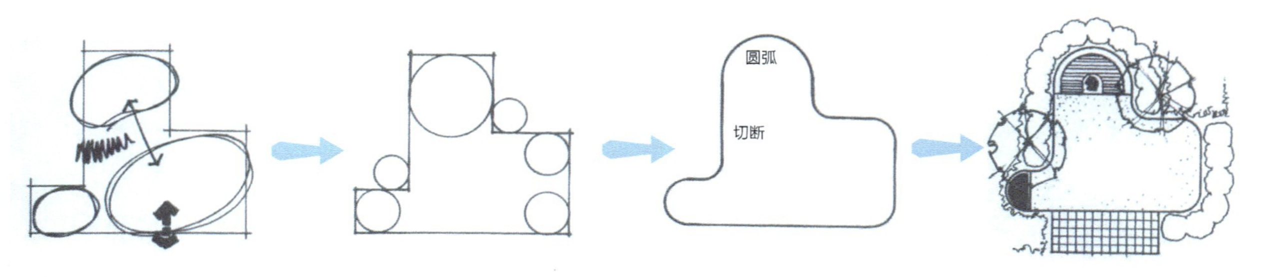

概念图

在拐角处绘制不同尺寸的圆，使每个圆的边和直线相切

描绘相关的边形成由圆弧和切线组成的图形以形成场地边界

增加简单的连线使其和周围环境相融合，再增加一些材料和设施细化设计图

④利用圆的一部分的设计应用实例。

概念图

从一个基本的圆开始，把它分割、分离，再把它们复制、扩大或缩小，依据概念图形成组合构图

根据概念性方案决定所分割图形数量、尺寸和位置，并沿同一边滑动这些图形，合并一些平行的边，使这些图形得以重组

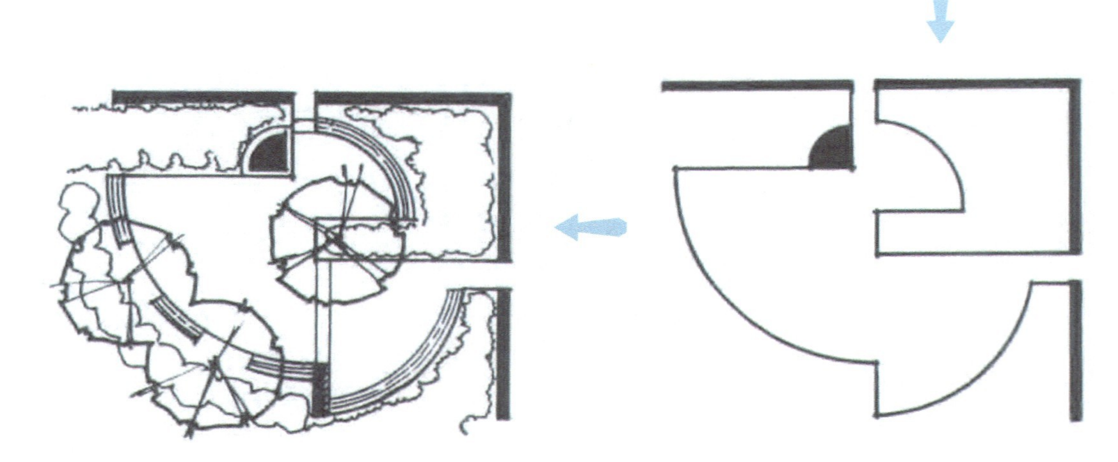

通过水平变化和添加合适的材料来改进和修饰图纸，形成场地边界

绘制轮廓线、擦去不必要的线条，以简化构图，增加连接点或出入口，绘出图形大样

（5）场地应用实例

为归纳几何形体在设计中的应用，把一个住区广场的概念性规划图用不同图形的模式进行设计。每一个方案中都有相同的元素：临水的平台、设座位的主广场、小桥和必要的出入口，以显示出不同模式所显示出的多变空间。

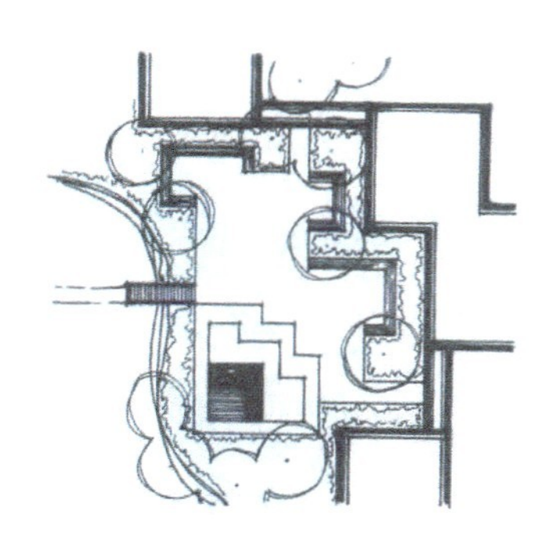

| 矩形模板为主体的景观设计

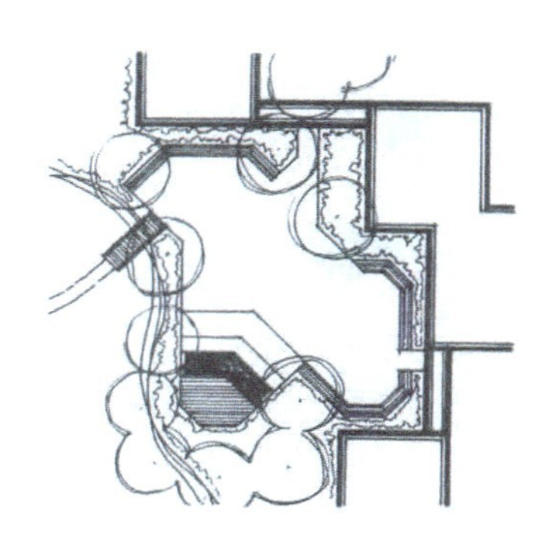

| 直角三角形模板为主体的景观设计

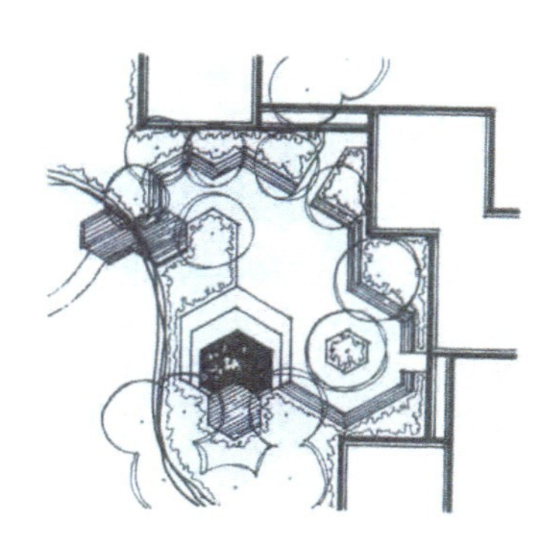

| 六边形模板为主体的景观设计

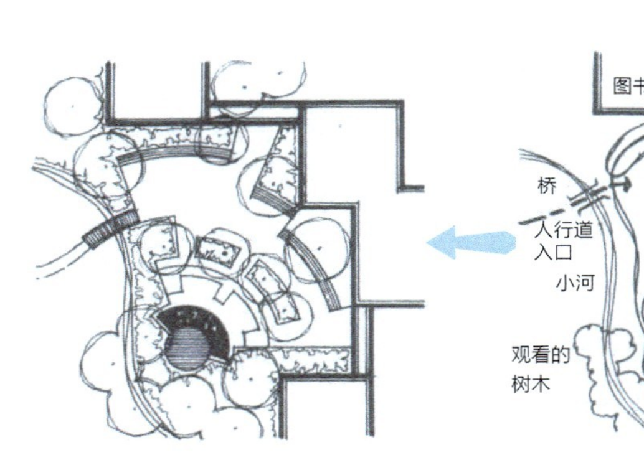

| 半径和圆的模板形成的景观设计

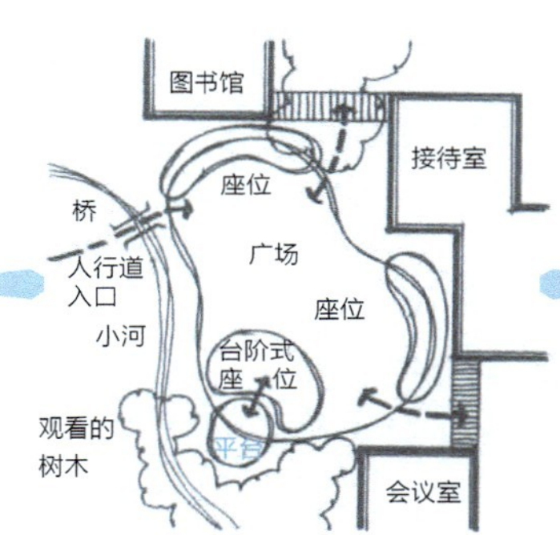

| 概念图

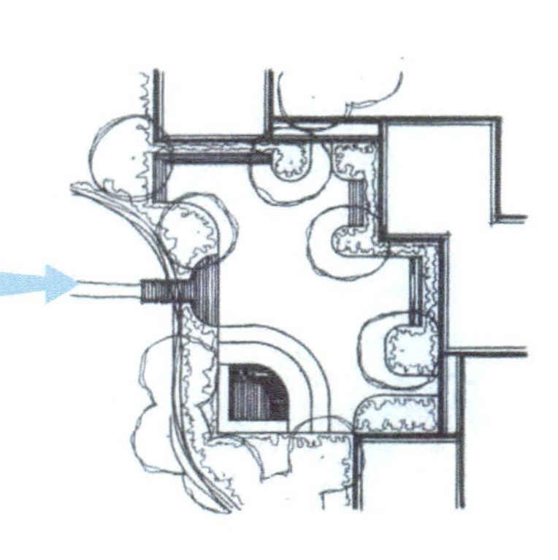

| 圆和切线形成的景观设计

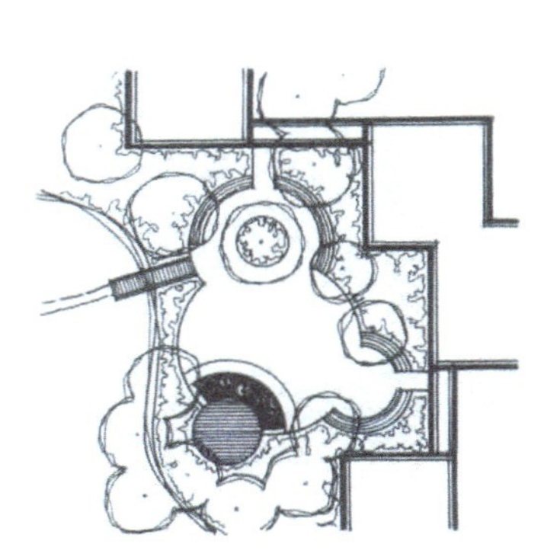

| 多圆组合形成的景观设计

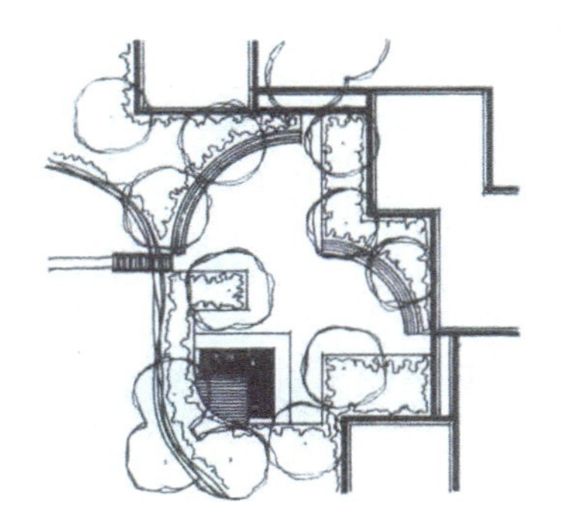

| 圆的一部分形成的景观设计

2. 从自然的形式到景观设计

景观设计的自然式图形是对自然界的模仿、抽象或类比。

（1）蜿蜒的曲线

来回曲折的平滑河床的边线是蜿蜒曲线的基本形式，它的特征是由一些逐渐改变方向的曲线组成，没有直线。

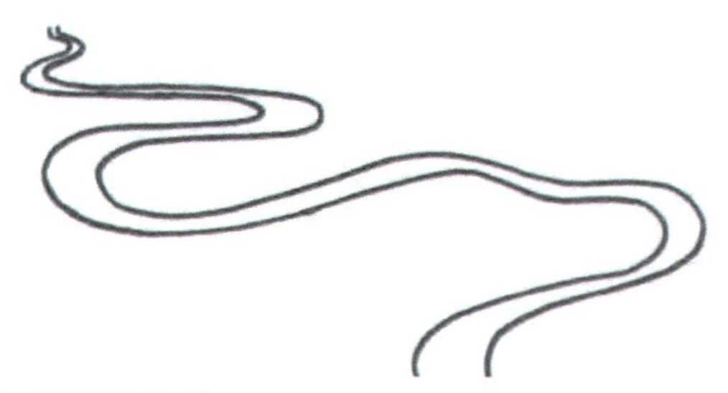

平滑蜿蜒曲线

蜿蜒的曲径

从功能上说，这种蜿蜒的形状是设计一些景观元素的理想选择，如某些机动车和人行道适用于这种平滑流动的形式。

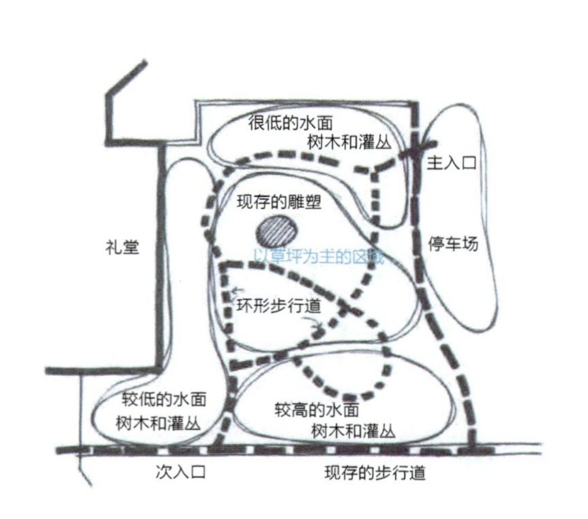

自由的路径

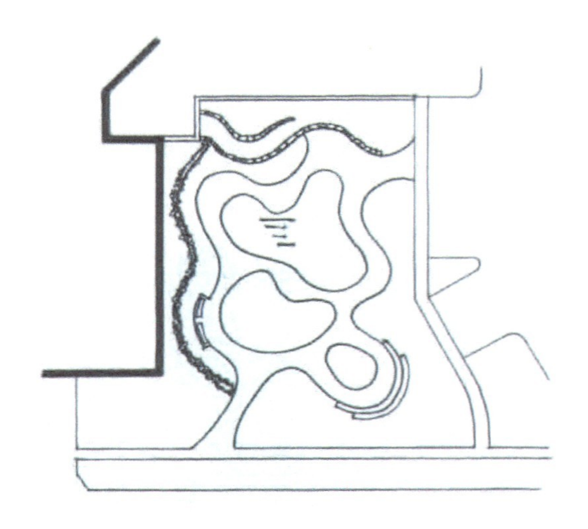

蜿蜒的曲线组织出场地环境，人行道、墙、小溪及种植区的边线都设计成蜿蜒的形式

（2）自由的椭圆和扇贝形图案的设计应用

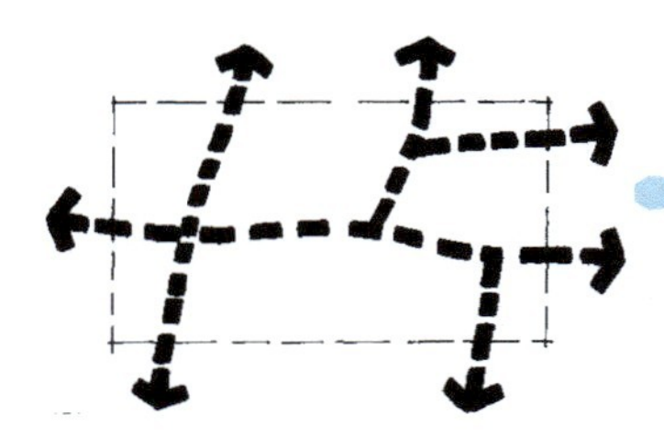

步行道概念设计

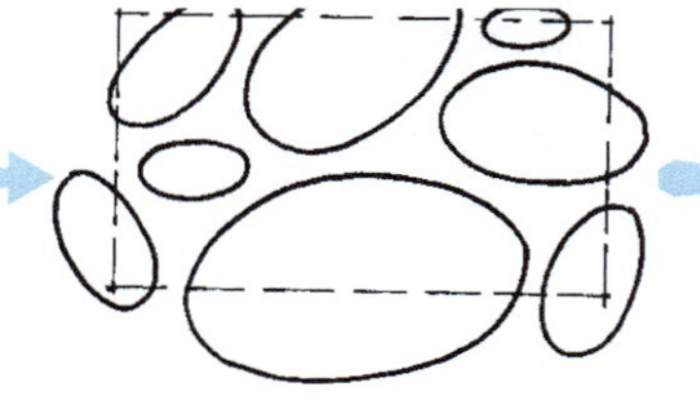

如果我们把椭圆看成是脱离精确的数学限制的几何形式，我们就能画出很多自由的椭圆。徒手画椭圆形是很容易的事。这些泡状的图形是以相当快的速度绘制而成的。每一椭圆都重复了几圈。通过这些重复就能把不规则的点和突出的部分变得更平滑。自由漂浮形式的椭圆很适应于这一步行道的设计

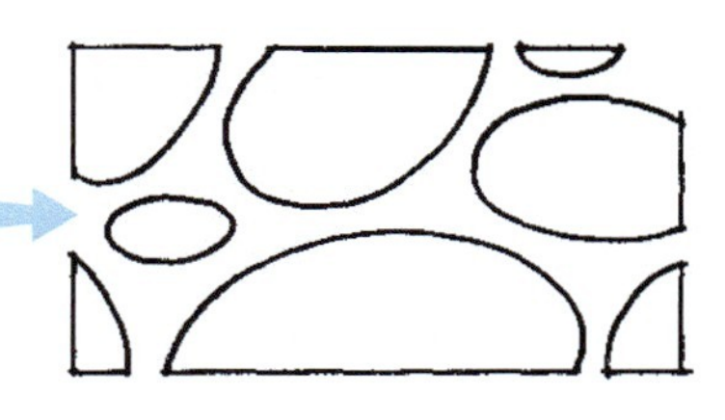

根据空间大小调整椭圆的尺寸进而设计出这种循环的模式，最终形成道路场地环境

连接这些椭圆的外边界，可得到一个凸起的图案

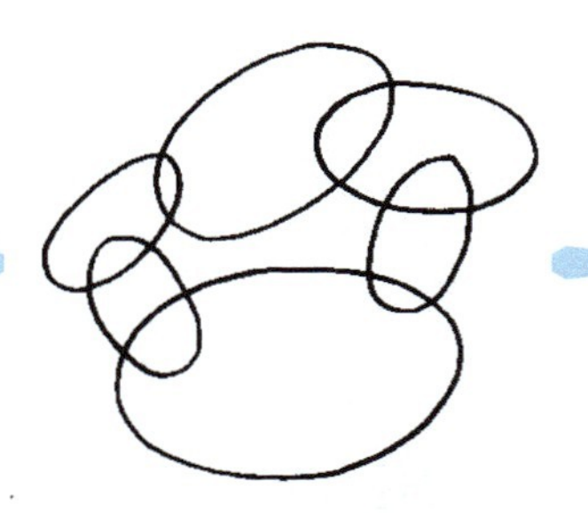

相接的自由椭圆组成了动感的穗状图案

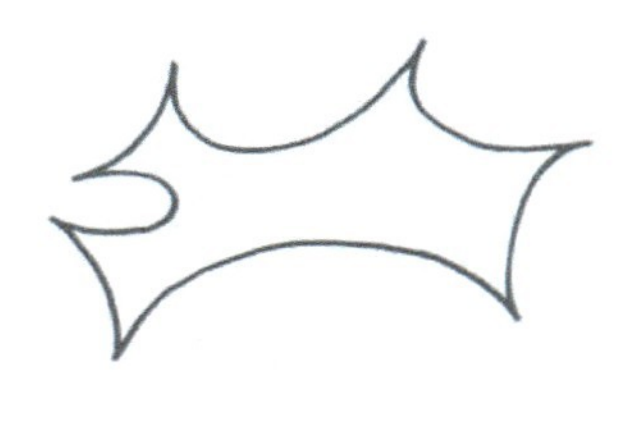

连接这些椭圆的内边界可得到一个尖锐的扇贝形图案

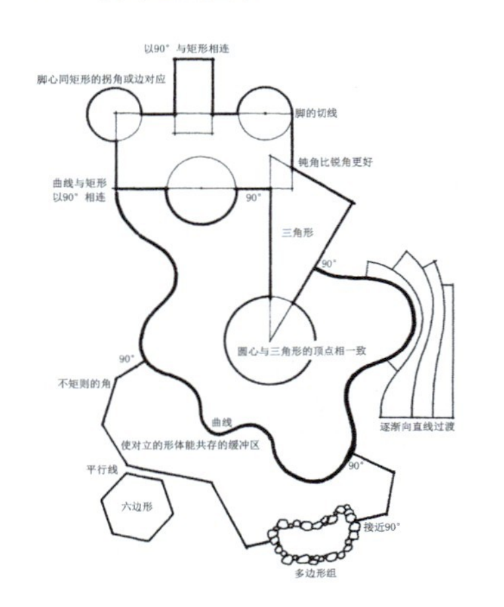

图形的整合

3. 多形式综合应用

仅仅使用一种设计主体固然能产生很强的统一感（如重复使用同一类型的形状、线条和角度，同时靠改变它们的尺寸和方向来避免单调）。但在通常情况下，需要连接两个或更多相互对立的形体（或者因概念性方案中存在几个次级主体；或因材料的改变导致形体的改变；或因设计者想用对比增加情趣）。不管何种原因，都要注意创造一个协调的整合体。

策划阶段任务小结

设计始于策划，本阶段主要学习以逻辑为基础，以几何图形为模板，将所得到的图形遵循各种几何形体内在的数学规律，运用这种方法来设计出高度统一的空间。但我们需要知道，对于纯粹的浪漫主义者来说，几何图形是乏味的、厌倦的、丑陋的和郁闷的。他们的思维模式是以自然的形体为模板。通过更加直觉的、非理性的方法，把某种意境融入设计中。他们设计的图形似乎无规律、琐碎、离奇、随机，但却迎合了使用者喜欢消遣和冒险的一面。所以设计形式有两种不同的思维模式，两种模式都有内在的结构但却没必要把它们绝对地区分开来。通过策划阶段的学习，在掌握城市广场景观设计创意与构图方法技巧的基础上，能够对不同类型的城市广场进行创意构图与设计。

任务与实践

拟定某矩形场地，该场地长和宽的比为2∶1，可自行定义场地的周边环境以及具体的尺度规模。设计主题自定。对该场地进行创意与平面构图设计。

成果与提交

构图可按照几何式构图、曲线式构图以及多形式组合方式构图进行设计与创意的构图，将其绘制于A4图纸上，比例自定，并附设计说明。

任务三 | 设计阶段

设计阶段任务 能够对城市广场的景点进行单体设计。

目标与要求 掌握城市广场空间设计及景观主体设计的技巧与方法。

案例与分析 重庆三峡广场。

重庆三峡广场整体鸟瞰图

总体平面图

分析1：节点1景观，历史之源广场是万州城市历史景观带的起点，该场地通过具有构成感的形体形成视觉中心，并将神话传说以及考古发现通过镂刻与浮雕的形式刻画在形体上。

节点9景观是广场的主题雕塑——风帆，在极具张力的钢雕下是一组移民雕塑，体现出他们对家乡的眷恋和对未来的希望，雕塑同时也是万州城市历史景观带的终点，预示着万州的发展将乘风破浪、勇往直前。

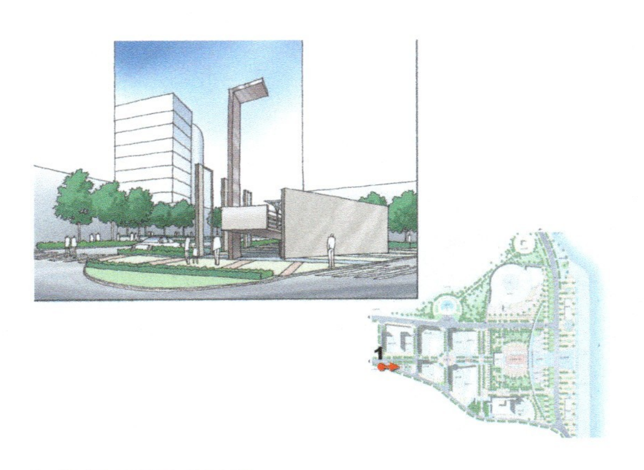

节点1历史之源广场

节点9主题雕塑——风帆

分析2：老年活动区位于广场的西南角，不同标高的平台散落在斜坡草地上，矮墙和树木围合成静谧的空间，为老年人提供了一个休闲聚会的场所。儿童活动区位于广场的西北角，不同标高的活动场地布置在斜坡草地上，组合的游乐器械与矮墙共同构成儿童玩耍的乐园。万州城市历史景观带贯穿用地的东西方向，通过铺地、绿化和小品的序列加以强化，在景观带中布置景墙式雕塑群，反映万州千年沧桑变化。三峡移民历史景观带由南北向的弧形景墙与下沉广场构成。

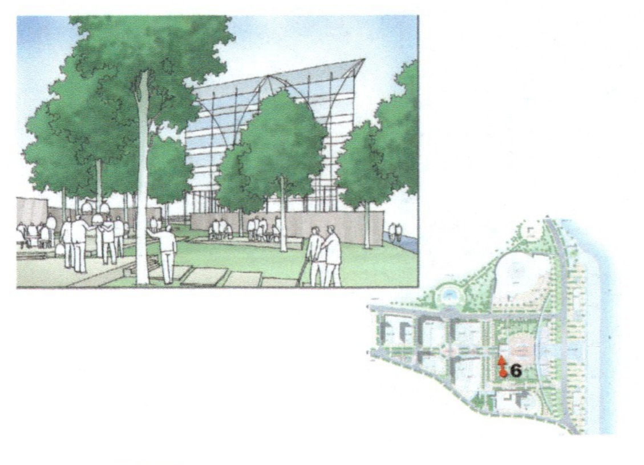

| 老年人活动区

| 儿童活动区

| 万州城市历史景观带

| 三峡移民历史景观带

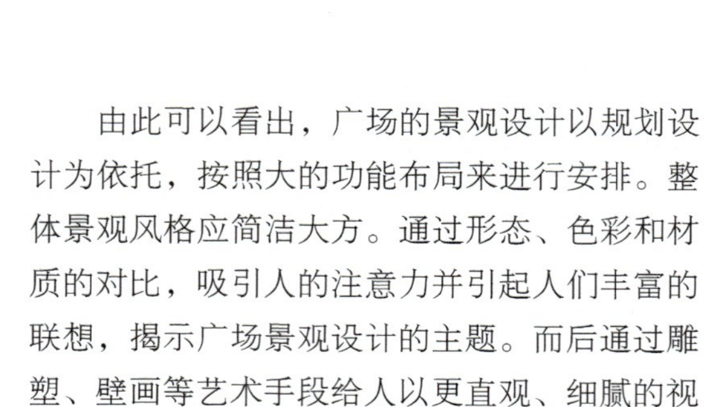

由此可以看出，广场的景观设计以规划设计为依托，按照大的功能布局来进行安排。整体景观风格应简洁大方。通过形态、色彩和材质的对比，吸引人的注意力并引起人们丰富的联想，揭示广场景观设计的主题。而后通过雕塑、壁画等艺术手段给人以更直观、细腻的视觉享受和历史体验。环境小品的风格应简洁大方，与整体风格相吻合。

所以城市景观设计，从精神到感官，需要通过某种实体构筑展现，实体构筑的设计成为广场灵魂所在。在这里，我们就必须掌握广场的空间设计及主体元素设计。

知识与技能

1. 城市广场的空间设计

在广场设计中，广场的空间形态、广场的空间围合、广场的空间尺度、广场的序列空间是设计出适宜的、人性化的广场空间的必备条件。

（1）城市广场的空间形态

有限定的空间才能称为广场。影响及限定广场空间形态的主要因素包括：周围建筑的体形组合与立面所限定的建筑与绿地环境，街道与广场的关系、广场的几何形式与尺度、广场的围合程度与方式、主体建筑物与广场的关系以及主体标志物与广场的关系、广场的功能等。若简单按照城市广场空间的区域划分模式来讲，广场空间包括广场的竖向界面、基面及空间中的设定物。

① 竖向界面。

竖向界面包括空间界面和功能界面。空间界面既是围合广场空间的要素，又是广场的边界，从物质本体来看可分为硬质边界（建筑物）和软质边界（非建筑物），如街道、绿化等，前者对广场起限定作用，后者起弱限定作用。建筑物及绿化对广场的作用有3个方面：第一，通过围合限定广场的空间形式；第二，建筑物、绿化边界成为广场环境的主要观赏内容，并通过其界面的虚化形成“灰空间”参与到广场空间中；第三，形成标志和丰富的空间层次。

功能界面并不一定是物质的界面，而是通过类似功能的连续形成类似界面的效果。与意大利的小型城市广场周围建筑的使用功能类似，主要都是咖啡馆、酒吧等，因而形成了界面效果。

②基面。

基底面也是构成广场空间、影响广场空间形态的重要组成部分，它是广场的基础，对人们有重要意义。基面不仅结合竖向界面共同划分出多样化的空间，同时它有很好的观赏作用。

③空间中的设定物。

空间中的设定物包括人工构筑物和非人工设置物。

广场的人工构筑物由两大功能主体构成，一是主体标志物，另一是非主体标志物。主体标志物包括建筑物、纪念碑、雕塑以及水景等。主体标志物通过其形象向人们传达信息并参与到人们的环境臆想中去，它的作用加上人们的感受与对历史文化的联想，使主体标志物产生丰富的形象想象力，从而使其具有城市的象征作用和标志作用，并产生社会意义。非主体标志物指广场中及周边的各种辅助设施和环境小品。

非人工设置物指绿地、古树名木等非人工制造、生产的广场环境中的要素。

（2）广场的空间围合

广场的围合从严格意义上说可以围合到三维空间，即上、下、左、右、前、后6个面均存在界面的围合。但是一般广场的顶平面多为透空，故空间围合常常在二维层面上。

①四面围合的广场。

当广场规模较小时，四面围合的广场围合感极强，具有强烈的内聚力。从空间形态上看，古典广场大多具有封闭性特点。具有空间体特点这种四面围合的封闭性广场空间具有下列特点：广场周围的围合界面要有连续感和协调感，广场空间应具有良好的围护感和安宁感；在广场空间中应易于组织主体建筑。

封闭性空间由于四角封闭使广场具有良好的围合性。这种封闭性广场有别于格网型广场。在现代棋盘式城市结构中，格网型广场由于道路的贯通使四角形成缺口而削弱了广场的封闭性。

广场的空间围合与广场的空间尺度与界面高度有关，要求所围合的地面有适合的水平尺度。如果广场占地面积过大，与周围建筑的界面缺乏关联时，就不能形成有形的空间体。许多设计失败的城市广场都是由于地面太大，周围建筑高度过小，从而造成围合界面与地面的分离，难以形成封闭的空间。

空间的封闭感还与围合界面的连续性有关。从整体看，广场周围的建筑立面应该从属于广场空间。如果其垂直面之间有太多的开口，或立面的剧烈变化或檐口线的突变等，都会减弱外部空间的封闭感。当然，有些城市空间只能设计成部分封闭，如大街一侧的凹入部分等。

② 三面围合的广场。

当4个界面去掉一个时，对空间而言往往形成一个开敞的面，形成一种朝向某一景观的开敞空间，这种广场称为三面围合的广场。但这一开敞面仍以小品、栏杆等形成限定元素。三面围合的广场围合感较强，具有一定的方向性和向心性。

在半封闭空间中，往往将主要建筑放在与开敞面相对应的位置上，将人口放在敞开面上。这样，当人们由外部进入限定空间时，会首先欣赏主体建筑宏伟壮丽的景观；同样，由主要建筑向外望，又可以欣赏围合界面以外的开敞景色。

③ 两面围合的广场。

两面围合的广场空间限定较弱，常常位于大型建筑与道路转角处，其空间有一定的流动性，可起到城市空间的延伸和枢纽作用。围合方式常有平行布置竖向界面、L形布置竖向界面两种，前者方向感、通行感强，后者相交处区域空间被限定向外呈开放性。

④ 一面围合的广场。

一面围合的广场封闭性很差，规模较大时可以考虑组织二次空间，如局部上升或下沉。总体来说，四面和三面围合是最传统的，也是最多见的广场布局形式，封闭感较好，有较强的领域感；两面和一面围合显得空间开放，设计时应根据需要选择合适的广场空间或多种空间形式结合起来使用。广场围合常见的有建筑物围合和非建筑物围合，建筑物围合如楼群、柱廊对广场空间起强制限定作用。另外，广场的基面通过有高低差的特定地形或不同的地面铺装等对广场空间也会有围合作用。

（3）广场的空间尺度与界面高度

① 广场的空间尺度。

广场设计中的围台、尺度、比例等关系是古典广场设计理论的核心，这些均是广场设计的基础之一，随着相关学科的发展，也将历久弥新。

a. 古典广场的平面及划分尺度。

广场的领域感尺度上限是390m，在这一尺度内可以创造宏伟、深远的感觉，超出这一尺度，就超出人的视力范围，看不清东西。

通过对欧洲大量中世纪广场尺寸的调查和视觉的测试得出：距离一旦超出110m，肉眼就认不出是谁，只能大致辨出人形和动作，因此，110m被普遍认为是广场最佳空间尺寸，超出110m，就会产生广阔的感觉。

对于空间层次划分问题，一般认为，在20~25m，人会感觉比较亲切，在此距离内，人与人的交往是一种朋友、同志式的关系，大家可以比较自由地交流，一旦超出这个距离范围，人们很难辨出对方的表情和声音。但是只要在此距离内，或是有重复的节奏感、或是材质有变化、或是地面高差有变化，即使在大空间中也能够打破单调。

b. 现代广场规模尺度探索。

城市广场作为城市的公共活动空间，其重要的功能和作用已被社会广泛认可，从已经建成和正在修建的城市广场来看，城市广场的规模似乎越做越大。广场的规模即广场的大小，应从两个方面来考虑：首先要考虑广场的最小规模，即广场至少应该达到多大规模才能具备城市广场应该具备的内容和意义；其次要考虑到广场的最大规模，即广场在达到多大规模后，再增大则会使其综合效益会下降。

c. 广场的最小规模。

从生态效益角度考虑，在区域范围内保持一个绿化环境，这对城市文化来说是极其重要的。从卫生学角度、保护环境的需要和防震防灾的要求出发，城市绿化覆盖面积应该大于市区面积的30%。根据科学测定：绿化面积只有大于500m^{2}才能对环境起积极作用，大于0.5hm^{2}才能对生态环境起有效作用。从增加城市绿地面积、发挥有益的生态效益角度出发，广场最小规模至少应该达到0.5 ~ 1hm^2。

d. 广场的最大规模。

广场的规模如果过于庞大，在空间感受上会让人觉得空旷、冷漠、不亲切。在《外部空间设计》一书中，作者芦原义信提出所谓“十分之一”理论，即外部空间可以采用内部空间尺寸8~10倍的尺度，并由此推断出外部空间的宜人尺度应该控制在约57.6m × 144m左右。

e. 政策控制。

建设部、国家发展与改革委员会、国土资源部、财政部四部委于2004年2月联合下发通知，要求对城市广场、道路建设规划进行规范，要求各地建设城市游憩集会广场的规模，原则上，小城市和小城镇不得超过1 hm^2，中等城市不得超过2hm^2，大城市不得超过3hm^2，人口规模在200万以上的特大城市不得超过5hm^2；在数量与布局上，也要符合城市总体规划与人均绿地规范等要求；建设城市游憩集会广场要根据城市景观的需要，保证有一定的绿地；拟建设的游憩集会广场，不符合上述规定标准的，要修改设计，控制在规定标准内。

② 界面高度。

当广场尺度一定（人的站立点与界面距离一定时），广场界面的高度将影响广场的围合感。

a. 当人与建筑物的距离（D）与建筑立面高度（H）的比值为1：1时，水平视线与檐口夹角为45° ，这时可以产生良好的封闭感。

b. 当人与建筑物距离（D）与建筑立面高度（H）的比值为2：1时，水平视线与檐口夹角为30° ，是创造封闭性空间的极限。

c. 当人与建筑物距离（D）与建筑立面高度（H）的比值为3：1时，水平视线与檐口夹角为18° ，这时高于围合界面的后侧建筑成为组织空间的一部分。

d. 当人与建筑物距离（D）与建筑立面高度（H）的比值为4：1时，水平视线与檐口夹角为14° ，这时空间的围合感消失，空间周围的建筑立面如同平面的边缘，起不到围合作用。

除此之外，引入城市的丘陵绿地是另一种类型的城市空间，它们的空间尺度与广场空间不同，其尺度是由树木、灌木以及地面材料所决定的，而不是由长和宽等几何性指标所限定，其外观是自然赋予的特性，具有与建筑物相互补充的作用。

因此，根据上述理论，广场宽度的最小尺寸等于主要建筑物的高度，最大不得超过其高度的2倍，建筑与视点的距离（D）和建筑高度（H）之比的比值在1~2是最佳的广场尺寸。

（4）广场的序列空间

城市空间如同建筑空间一样，可能是封闭的独立性空间，也可能是与其他空间联系的

空间群。一般情况下，当人们体验城市空间时，往往是由街道到广场或从广场的一个空间到另一个空间的这样一种流线，人们只有从一个空间到另一个空间运动时，才能欣赏它、感受它。广场空间是由道路、界面、空间区域、标志性节点等共同构成的，它们组成了有趣的广场空间序列。

① 道路的引导作用。

道路是活动主体可移动的路线，包括引导人们进入广场的街道和进入广场内部各功能区进行活动的道路，它是广场空间的基本要素，

其他有关要素都沿着它布局，并通过路径来实现功能。

方式对于广场的空间特点有决定性作用，广场的围合空间特征，是一切广场艺术效果的最基本条件。古代广场的例子表明古人细心地避免广场边缘上由于道路造成的缺口，以便使主要建筑物前的广场能够保持很好的封闭效果，设计者力图使广场的每一个角落只有一条路进入，如果有必然的第二条路，则被设计成终止于距广场一段距离以外，以避免来自广场的视线。现代有很多做法是让两条互为直角的道路在广场的旁边汇合，这种做法造成广场封闭感的消失，破坏了广场的连续性。

人们在广场中运动，所产生的感受的连续性都是从道路引导的空间性质和形式中派生出来的，道路系统在广场设计中是作为支配性的组织力量而存在的。如果设计者在设计中建立的一条路径能成为大量人流或者参加者实际的运动路线，并和与此相毗连的范围的设计相适应，使人沿着这条路径在广场空间中的运动产生持续的和谐感受，那么这个广场设计就是成功的。

② 界面的限定作用。

广场通过界面限定并引导序列空间的展开。

广场界面起着联系广场与周边建筑、限定广场空间区域的重要作用。例如，由著名建筑设计师贝聿铭承担设计的波士顿市政厅广场便充分利用广场边界与周边建筑形成良好的结合。广场上地面丰富的拼铺图案，一直从市政厅内部铺装至广场，将室内外空间连为一体。广场以台阶状跌落与坎布里大街和梅明马克大街连接加强了广场与城市空间的渗透，增加了空间的层次和丰富性，形成迷人的广场界面。

欧洲古典广场在如何利用界面上做得很好：通向广场的道路安排尽可能避免城市广场结构过于开敞，纪念物与建筑物沿着边缘布置与周边建筑交相辉映，形成既有围合、又序列明确的动人景象。

界面形成的空间区域具有两向尺度，使观察者有“进入内部”和“走出内部”的感觉。在广场中任何广场空间区域都不是孤立的，它们共同形成有机的空间序列，从而加强广场的整体作用与吸引力。

③ 标志性节点对广场空间的引导作用。

标志性节点为广场空间的点状因素，如建筑物、纪念物、标识等。标示性节点是广场空间的重要元素，影响着广场空间的艺术特质和空间品质，并以它特殊的形态、位置辅助道路以及空间界面形成良好的广场空间序列。

道路、界面以及界面形成的空间区域、标志性节点等构成了广场空间序列，一般良好的空间序列可划分为前导、发展、高潮和结尾等几个部分，人们在这种序列空间中可以感受到空间的变幻、收放、对比、连续、烘托等变化多端的乐趣，有活力的城市广场空间还要与周围的空间有连续性。广场景观不应是一种静态的情景，而是一种空间意识的连续感，序列景观是揭示这一现象的途径。广场空间总是与周围其他空间、道路、建筑等相连接，这些空间因素是广场空间的延伸与连续，并且不可分割。这种有机的空间序列，加强了广场的作用力与吸引力，并以此衬托与突出广场，这就需要在城市广场设计中，将建筑、道路和广场进行一体化设计。

2. 城市广场的主体元素设计

广场是指面积广阔的场地，特指城市中的广阔场地。广阔的场地成为“城市客厅”，所以从人的行为使用考虑，广场的设计主体元素是基面和家具。基面的设计重点就是景观地面铺装；家具对应着广场职能所确定的景观构筑，包括雕塑、水景、绿景及设施小品。

| 色彩丰富又协调的地坪，并与建筑小品相得益彰

（1）景观地面铺装设计方法与技巧

景观铺装设计在营造空间的整体形象上具有极为重要的影响。在进行景观地面铺装时，应该掌握一些必要的方法与技巧，既富于艺术性，又满足生态要求，同时更加人性化，给人以美好的感受，以达到最佳的效果。

景观地面铺装表现的形式多样，但主要通过色彩、图案纹样、质感、尺度和铺装材料的选择5个要素的组合变化。

① 色彩。

在景观地面铺装没计中，色彩最引人注目，给人的感受也最为深刻。色彩的作用多种多样。色彩给予环境以性格：冷色创造了一个宁静的环境，暖色则给人一个喧闹的环境。色彩有一种特殊的心理联想，久而久之，则几乎固定了色彩的专有表达方式，逐渐建立了色彩的各自象征。因此，了解色彩构成的知识有助于创造出符合人们心理的、在情调上有特色的地面铺装。

景观地面铺装一般作为空间的背景，除特殊的情况外，很少成为主景，所以其色彩常以中性色为基调，尽量与周围的环境相协调，注意色彩的色相、纯度和明度相互对比协调的作用，做到稳定而不沉闷，鲜艳而不俗气。

| 有马赛克拼装的图案，色彩明快、令人愉悦

色彩具有鲜明的个性，暖色调热烈、兴奋，冷

暗色调铺装

由点构成的图案纹样

色调冷静、明快，明朗的色调使人轻松愉快。

灰暗的色调景观地面铺装则更为环境空间营造沉稳、幽雅、宁静的氛围。

② 图案纹样。

景观地面铺装以它多种多样的形态、纹样来衬托和美化环境，增加景观的特色。纹样起着装饰路面的作用，铺地纹样通常会用到平面的点、线、面构成原理来根据场所的不同而变化，以达到表现各种纹样的效果。

一些用块料铺成直线或平行线的路面，可达到增强地面设计的效果。通常，与视线相垂直的直线可以增强空间的方向感，而那些横向通过视线的直线则会增强空间的开阔感，另外，一些呈一条直线铺装的地砖或瓷砖，会使地面产生伸

通过线与形的变化来丰富空间的特质

卵石地坪和嵌草种植形成的图案化景观

长或缩短的透视效果，其他一些形式会产生更强烈的静态感。

③ 质感。

质感是由于感触到素材的结构而有的材质感。铺装的美，在很大程度上要依靠材料质感的美。材质质感的组合在实际运用中表现为以下3种方式。

a. 同一质感的组合可以采用对缝、拼角、压线手法，通过肌理的横直、纹理设置、纹理的走向、肌理的微差、凹凸变化来实现组合构成关系。

通过肌理的横直实现的构成关系铺装

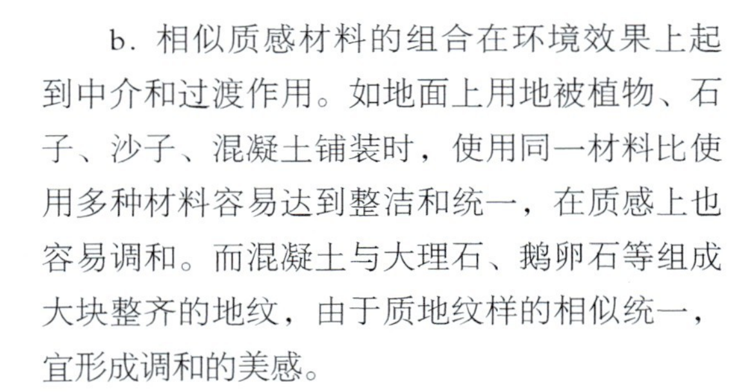

b. 相似质感材料的组合在环境效果上起到中介和过渡作用。如地面上用地被植物、石子、沙子、混凝土铺装时，使用同一材料比使用多种材料容易达到整洁和统一，在质感上也容易调和。而混凝土与大理石、鹅卵石等组成大块整齐的地纹，由于质地纹样的相似统一，宜形成调和的美感。

c. 对比质感的组合，会得到不同的空间效果，也是提高质感美的有效方法。利用不同质感的材料组合，其产生的对比效果会使铺装显得生动活泼，尤其是自然材料与人工材料的搭配，能使人造景观体现出自然的氛围。

由砖瓦石组合的“花街铺地”统一协调

融入草地的铺装

在进行铺装时，要考虑空间的大小，大空间要粗犷些，可选用质地粗大、厚实，线条明显的材料。因为粗糙，往往使人感到稳重、沉着。另外，粗糙可吸收光线，不晕眼。而在小空间则应选择较细小、圆滑、精细的材料，细质感给人轻巧、精致的柔和感觉。所以大面积的铺装可选用粗质感的材料，局部、重点处可选用细质感的材料。

简洁明快的广场铺设，以不同色泽的露骨料地面搭配碎瓷片镶嵌，宛若莲花盛开

④ 尺度。

铺装图案的大小对外部空间能产生一定的影响，形体较大、较开展则会使空间产生一种宽敞的尺度感，而较小、紧缩的形状，则使空间具有压缩感和亲密感。由于图案尺寸的大小不同以及采用了与周围不同色彩，质感的材料，还能影响空间的比例关系，可构造出与环境相协调的布局来。铺装材料的尺寸也影响其使用，通常大尺寸的花岗岩、抛光砖等板材适宜大空间，而中、小尺寸的地砖和小尺寸的马赛克、卵石等，更适用于一些中、小型空间。

但就形式意义而言，尺寸的大与小在美感上并没有多大的区别，并非越大越好，有时小尺寸材料铺装形成的肌理效果或拼缝图案往往能产生更多的形式趣味，或者利用小尺寸的铺装材料组合成大图案，也可与大空间取得比例上的协调，产生优美的肌理效果。

⑤ 铺装材料的选择。

铺装材料的选择是景观设计的个重要环节，铺装材料既要符合生态性的要求，同时又要达到美观、实用的效果，要实现这一点，需掌握以下3个技巧。

a. 铺装材料的选择要注重生态性。

大面积的地面铺装会带来地表温度的升高，造成土壤排水、通风不良，对花草树木的生长也不利。而且还会导致一个重大缺陷即人为地割裂了生态的竖向循环，如雨水的循环，蚯蚓、地鼠等小生物的正常生活等。因此，设计师除采用嵌草铺地外，还要注意多应用透水、透气的环保铺地材料。如生态透水砖就是一种生态型的新型铺地产品，采用矿渣料、陶瓷料、玻璃料等多种再生原料，经特殊工艺预制而成的再利用完全环保型产品。另外，在实际铺装景观设计的过程中应当注意适当留缝、铺沙或镶嵌绿草等，融合进自然元素，进行透水透气性路面铺装，使城市土壤与大气的水、气、热交换，体系得到改善。

b. 铺装材料选择要注重装饰性和实用性。

中国自古对园路铺装就很讲究，《园冶》中“花环窄路偏宜石，堂回空庭须用砖”说的就是这个意思。景观地面铺装中有许多经典的铺装案例可供借鉴，如用碎瓷砖拼砌铺地，用混凝土砖石与卵石铺地，用透水砖铺地以及用各种条纹的混凝土砖铺地等，这些铺装在阳光的照射下，能产生很好的光影效果，不仅具有很好的装饰性，还减少了路面的反光强度，提高了路面的抗滑性能，达到人性化和美学等方面的要求。

c. 铺装材料选择要注重意境、氛围的营造。

中国园林景观的创作追求诗情画意的境界，当客观的自然境域与人的主观情意相互激发、相互交融，达到情与景的统一时产生出景观意境。意境寄于物而又超于物之外，给感受者以余味或遐想。铺装要发挥艺术的想象力，正确选择铺装材料，通过联想的方式来表达城市景观的意境和主题，烘托景区气氛。传统园林景观地面铺装多利用砖瓦、石片、卵石和各种碎瓷片、碎陶片等材料，如综合使用砖、瓦、石铺地在古典园林中用得较多，俗称“花街铺地”；还有根据材料的特点和大小不同规格进行的各种艺术组合，常见的有用砖和碎石组合的“长八方式”，砖和鹅卵石组合的“六方式”，瓦材和鹅卵石组合的“球门式”、“软锦式”以及用砖瓦、鹅卵石和碎百组合的“冰裂梅花式”等。不可否认，传统园林景观整体空间的自然协调感在一定程度上得益于自然铺地材料的应用。

（2）景观构筑

城市广场上的景观构筑元素包括雕塑、水景、绿景及设施小品，不同于其他场所环境的是，这些景观构筑在设计上注重标识性、文化性和受众性。

① 雕塑设计方法与技巧。

城市广场最突出的职能之一就是对城市的标识作用。雕塑是城市景观设计元素之一，可以形成广场的主要景观。在城市广场设计中，雕塑作为主要的景观元素构筑，应注重其设计方法及技巧。

中国广州具有现代气质的广场大型金属日晷雕塑

a. 认识雕塑。

具象雕塑在园林雕塑中应用较为广泛。我国早在汉代园林，建皇宫的太液池畔，就有石鱼、石牛及织女等雕塑。具象雕塑是一种以写实和再现客观对象为主的雕塑，它是一种容易被人们接受和理解的艺术形式。

以假乱真的人物雕塑

人们日常生活中的小物件也是艺术家发挥创作的潜力的源泉

抽象雕塑， 抽象的手法之一是对客观形体加以主观概括、简化或强化；另一种抽象手法是几何形的抽象，运用点、线、面、体块等抽象符号加以组合。抽象雕塑比具象雕塑更含蓄、更概括，它具有强烈的视觉冲击力和现代感觉。

抽象雕塑在色彩与造型上体现连续性与“双重上升”

无底座的抽象金属雕塑

纪念性雕塑是以雕塑的形象为主体，一般在环境景观中处于中心或主导的位置，起到控制和统帅全部环境的作用，因此，所有的环境要素和平面布局都必须服从于雕塑的总立意。

井冈山纪念雕塑

福建省福州军民共建双拥模范城纪念

主题性雕塑与环境有机结合，能弥补环境缺乏表意的功能，达到表达鲜明的环境特征和主题的目的。

中国台湾地区某住区绿地中心的主题雕塑“合”，寓意深刻

中国台湾地区街头色彩鲜艳的字形雕塑，体现“爱”的主题

装饰性雕塑不仅要求有鲜明的主题思想，而且强调环境中的视觉美感，要求给人以美的享受和精神情操的陶冶并符合环境自身的特点，成为环境的一个有机组成部分，给人以视觉享受。

韩国汉城庭园中的装饰性雕塑

瑞士洛桑奥林匹克公园中的装饰性雕塑

b. 设计雕塑。

雕塑是城市标识也是赋予环境以生气的点缀品。雕塑设计应以城市中人们喜闻乐见的题材为宜，尺度适宜，要有人情味。这里所说的人情味就是雕塑设计应考虑其文化性和受众性。

雕塑设置的要点包括要考虑环境因素、视线距离、空间尺度及色彩。

雕塑的材料应能耐久，石料、金属材料、混凝土、陶瓷材料、环氧树脂都可用于雕塑。雕塑也可作为喷泉设计的组成部分。雕塑与水景相配合，可产生虚实相生、动静对比的效果；雕塑与绿化相配合，可产生质感对比和色彩的明暗对比效果，形成优美的环境景观。

现代抽象金属雕塑活跃和丰富了水池景观，营造出富有生机的美感

日本九州市产业医科大学校园庭园石雕“行走的石头”

② 水景设计方法与技巧。

城市中水的景观大致划分为两类：一类是以江河湖海等自然水资源为背景的人文环境；另一类是以水为主体的人工构筑物，包括各种水态、水姿的组合，水与雕塑、水与环境的组合以及池、塘、溪流、植栽的人工设计与营建。

水景景观的发展有着璀璨的历史，东西方传统的理水艺术理论也各成体系。随着现代社会城市化的扩大与城市空间构筑的多元化进程，水景的应用已脱离了原有的樊篱，从传统的应用形式演变成城市空间中不可或缺的造景元素，融入了更多的城市特征。它的发展与演变形式体现着城市的时代特征以及个性。就水在城市景观设计中的作用及功能来说，可以分为装饰水景、休闲水景和庭园水景。

a. 装饰水景的设计。

装饰水景的设计应用表现形式主要有水池、落水和造景喷泉。

水池包括倒影池、浅水池、种植池、养鱼池等。通过平静的水面来衬托构筑物，增加空间感与幽深感。在城市中心地带以硬质铺装为主的地方，一般会采用规则式水池，尤其是浅水池最为常见。

英国西约克郡19世纪维多利亚式庭园中的规则式水池

法国驻阿曼大使馆中庭浅水池，内壁采用黑色瓷砖铺筑，以形成幽深感和较好的倒影

落水包括城市中常见的山石瀑布、斜坡瀑布、水帘、溢水池（杯）、水帘亭、叠水等。

日本神户港街头斜坡瀑布

水帘亭加叠水景观

喷泉包括大型音乐喷泉、程控喷泉、雕塑喷泉、各种造型喷泉、喷雾喷泉等。

德国某公园内的大型不锈钢雕塑水景，以现代的视角，给人以丰富的联想空间

装饰水景景观特点及设计应用实例如下。

装饰水景除了可以装饰美化环境，还能突出建筑的特点，作为构筑物的成分，成为柔性地面铺装的重要组成部分。明镜般的浅水池形成的倒影与铺装融为一体，装饰效果极佳。水景池的存在像镜子一般再现了建筑的立面形象与地面铺装相结合形成了实与虚的对比关系，不但突出了建筑的特点，还成为地面景观构图元素

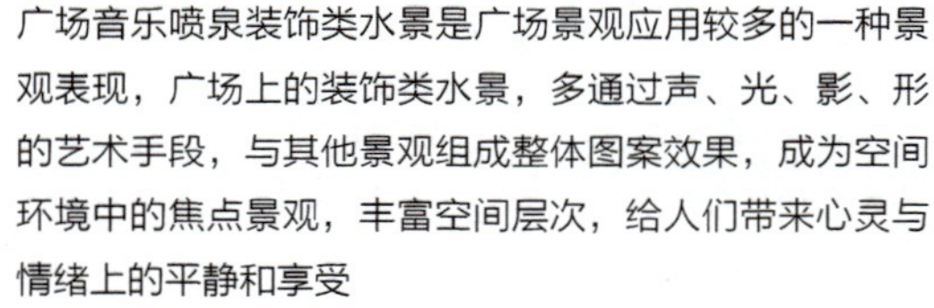

广场音乐喷泉装饰类水景是广场景观应用较多的一种景观表现，广场上的装饰类水景，多通过声、光、影、形的艺术手段，与其他景观组成整体图案效果，成为空间环境中的焦点景观，丰富空间层次，给人们带来心灵与情绪上的平静和享受

呈几何体图案的水体装饰效果与现代建筑简约的风格统一协调。装饰水景强调的是公共空间中水与其他景观元素，尤其是对城市建筑环境起着统一、补充、强调、美化以及丰富景观内容的作用。装饰水景设计应当与其周边环境密切相关，设计时应作为整体空间的一部分而综合考虑

b. 休闲水景的设计。

城市休闲水景不同于城市装饰水景，它强调的是人与水的互动性，着重建立起一种亲水环境，激发人们对水全方位的感受，即想方设法通过设计缩短人与水之间的距离，所以水景一般不强调明显的边界、多采用下沉式的浅水池或旱水池造景，通过突出水的趣味性，加上充满情趣或者富有挑战性构筑物来激发人的参与，设计营造出娱乐气氛。

水景运用于住区娱乐游戏场所是非常理想的，在夏季漫长、气候炎热的地区更是如此。如果水景或喷水形式能被游戏者自己调节或控制会更好。

休闲水景设计强调亲水性，休闲水景由于有人的参与，所以对水质的清洁消毒以及喷水的压力要求较为严格。如果水是被运用于儿童涉水池，池中的所有喷水喷头，都应该采用相对较低的压力，以防止儿童将脸直接迎向水流时，水流的压力会伤及他们的眼睛，而且水池的深度应该非常浅，并且底部应采用防滑措施。

休闲水景应用形式有自然式的湖泊、儿童戏水池、涉水池、各类游泳池、冲浪池以及游戏喷泉等。游戏喷泉多是结合旱水池的间歇喷泉、戏水广场等。

居住区中的儿童戏水池采用各种低压喷水形式，既激发了儿童的亲水心理，又保证了儿童的安全

某住宅区游乐园中的河道式泳池，打破传统泳池的规则，给人富有空间变化的感觉

c. 庭园水景设计。

庭园水景是与人的居住环境联系最为密切的一种水景形式，既有装饰作用，又有一定的休闲性质。在私人住宅庭园中具有一定的私密性与独享性。在设计形式上各具特点，风格多样，情趣各异。如日式风格的蹲踞和逐鹿就有别样的情趣与意境。

在现代庭院中，虽然蹲踞已失去了其实用的功能，却能成为引人入胜的焦点

日本传统景园中的逐鹿，已成为有着独特风格的景观小品

最后我们应当认识到，水景的设计不光是摆摆样子，必须是生态的、环保的、节水的，符合可持续发展战略，同时尊重人的生活方式和休闲方式。

③ 绿景设计方法与技巧。

植物种植包括规则式种植与自然式种植两种。规则式种植是选枝叶茂密、树形美观、规格一致树种，配置成整齐对称的几何图形。而自然式的树木配置方法，多是选树形较为美观或奇特的品种，以不规则的株行距配置成各种形式。

城市广场景观中的绿景，由于受场地规范与限定因素的制约，广场上的绿景多以规则式布局为主。具体景观表现应用形式为花坛景观和草坪景观。

a. 花坛景观设计。

花坛的最初含义是在具有几何形轮廓的植床内，种植各种不同色彩的花卉，运用花卉的群体效果来体现图案纹样，或观赏盛花时绚丽景观的一种花卉应用形式，它以突出鲜艳的色彩或精美华丽的纹样来体现其装饰效果。

现代花坛式样极为丰富，某些设计形式已远远超过了花坛的最初含义。目前花坛根据种植的植物材料不同，可以分为盛花花坛和模纹花坛两种；根据花坛的空间位置，又可以将花坛分为平面花坛、斜面花坛及主体花坛。而花坛的各种组合与搭配就形成了花坛景观。花坛应用形式有盛花花坛、模纹花坛、毛毡花坛、浮雕花坛、彩结花坛、盛花模纹花坛几种。

盛花花坛也叫花丛式花坛，主要由观花草本植物组成，表现盛花时群体的色彩美或绚丽的图案景观。可由同一种花卉的不同品种或不同花色的多种花卉组成

模纹花坛主要由低矮的观叶植物或花、叶兼美的植物组成，表现群体组成的精美图案或装饰纹样。主要有毛毡式花坛，浮雕花坛和彩结花坛等

毛毡花坛是由各种观叶植物组成的精美的装饰图案，植物修剪成同一高度，表面平整，宛如华丽的地毯

浮雕花坛是依花坛纹样变化，植物高度不同，部分纹样凸起或凹陷，凸出的纹样多由常绿小灌木组成，凹陷面多栽植低矮的草本植物，也可以通过修剪使同种植物因高度不同而呈现凸凹，整体上具有浮雕的效果

彩结花坛是花坛内纹样模仿绸带编成的绳结式样，图案的线条粗细一致，并铺以草坪、砾石或卵石为底色

现代花坛常见两种类型相结合的花坛形式。如在规则或几体形植床之中，中间为盛花布置形式，边缘用模纹式；或在主体花坛中，中间为模纹式；基部为水平的盛花式等

花坛在环境中可作为主景，也可作为配景。具体设计方法与技巧如下。

/ 形式与色彩的多样性决定了它在设计上也有广泛的选择性。

/ 花坛的设置首先应在风格、体量、形状诸方面与周围环境相协调，其次才是花坛自身的特色。

/ 花坛的体量、大小也应与花坛设置的广场、出入口及周围建筑的高低成比例。一般不应超过广场面积的1/3，不小于1/5，出入口设置花坛以既美观又不妨碍游人路线为原则，在高度上不可遮住出入口的视线。

/ 花坛的外部轮廓也应与建筑物边线、相邻的路边和广场的形状协调一致。

/ 花坛要求经常保持鲜艳的色彩和整齐的轮廓。因此，多选用植株低矮、生长整齐、花期集中、株丛紧密而花色艳丽（或观叶）的种类。

b. 草坪景观设计。

草坪景观是草坪或与其他观赏植物相互组合所形成的自然景色。因所用植物不同而产生不同的观赏效果和不同的情趣，同时与四周的景物也有密切的关系，所以草坪景观的形成不是孤立的。由于设计意图不同而有不同类型的组合。

草坪花卉与草坪结合，又称为缀花草坪或开花草坪；疏林与草坪结合，形成疏林草地，满足人们游息；也可人工模仿草原，将乔、灌、草花、草坪结合形成野趣草坪。

以草坪为主要元素的广场景观设计

缀花草坪景观

柱列化景墙划分空间效果

形成景墙效果的单体构筑

悬挑花台景墙。石块的堆叠可形成虚实、高低、前后、深浅、分层与分格各不相同的墙面效果，形成的空间序列层次感也较之满墙平铺的更为强烈，墙上可结合绿化预留种植穴池或悬挑成花台

④ 设施小品设计方法与技巧。

设施小品作为城市景观环境的组成部分，已成为城市景观不可缺少的整体化要素，在城市景观中占有举足轻重的地位。设施小品作为一种物质财富满足了人们的生活要求，作为一种艺术的综合体又满足了人们精神上的需要，通过自身形象反映一定地域的审美情趣和文化内涵。设施小品在环境空间中，除具有自身的使用功能要求外，一方面作为被观赏的对象，另一方面又作为人们观赏景色的所在，通过与城市景观环境的有机结合，形成赏心悦目、丰富变幻的环境。

以城市广场为学习情境，城市景观中主要的设施景观包括景墙、花架、亭廊、夜景照明、休息座椅、信息标志、垃圾桶、电话亭等。

a. 景墙。

在现代城市景观建筑中，景墙的主要作用就是造景，不仅以其优美的造型来表现，更重要的是从其在景观空间中的构成和组合中体现出来，借助景墙使景观空间变化丰富有序，层次分明。景墙的应用形式如下。

立体景墙。景墙是用白粉墙衬托山石、花卉，犹如在白纸上绘制山水写意图，意境颇佳

浮雕景墙。当需要景墙具有极强的装饰效果时，可对其进行特殊的壁面装饰：对壁表进行平面艺术处理就如壁画，对壁表进行雕塑艺术处理就如浮雕

b. 花架。

花架，顾名思义是指供植物花卉生长攀援的棚架。通透的构架形式，以及植物瓜果的攀绕和悬挂，使得花架较之其他的小品形式显得更通透灵动，富有生气，花架有多种形式，如单排柱花架、单柱式花架、圆形花架等。设计应用类型实例如下。

花架形成的休憩空间

单排花架。单排柱的花架仍然保持廊的造园特征，它在组织空间和疏导人流方面，具有同样的作用，但在造型上却轻盈、自由得多

单柱花架。单柱式花架又分为单柱双边悬挑花架、单柱单边悬挑花架。单柱式的花架很像一座亭子，只不过顶盖是由攀援植物的叶与蔓组成，支撑结构仅为一个立柱

圆形花架。平面由数量不等的立柱围合成圆形布置，枋从棚架中心向外放射，形式舒展新颖，别具风韵

钢式拱门花架。在花廊、甬道上常采用半圆拱顶或门式刚架式。人行于绿色的弧顶之下，别有一番意味。临水的花架，不但平面可设计成流畅的曲线，立面也可与水波相应设计成拱形或波折式，部分有顶、部分化顶为棚，投影于地效果更佳

c. 亭和柱廊。

亭是我国传统园林建筑中常见的一种形式，是供人休息、遮荫、避雨的建筑，个别属于纪念性建筑和标志性建筑。

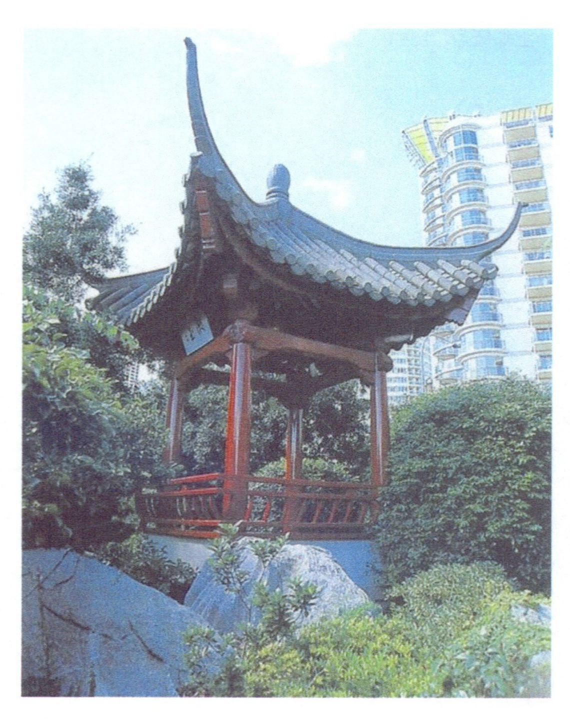

四角亭

起引导及标识作用的亭

近代、现代建筑中采用钢、混凝土、玻璃等新材料和新技术建亭，为建筑创作提供了更多的方便条件。因此，亭在造型上更为活泼自由，形式更为多样。

别具风格的亭

膜结构亭

景观柱廊

柱廊具有引导人流、引导视线、连接景观节点和供人休息的功能，其造型和长度也形成了自身有韵律感的连续景观效果。廊与景墙、花墙相结合增加了观赏价值和文化内涵。亭廊在布局上更多地考虑与周围环境的有机结合；在使用功能上除满足休息、观景和点景的要求外，还适应于景观中其他多种需要，如作为空间分划与限定。

d. 夜景照明。

随着我国经济的持续发展和人民物质生活质量的提高，人们对于居住的城市的环境要求越来越高，“白天需要绿色，晚上需要灯光”。尤其是城市夜晚的景观灯光，已成为一个重要的部分。早期的简单照明正在演变为城市夜晚的景观照明。这就是说，城市灯光正在从照明向着多姿多彩的动态效果演变，灯光的亮丽已成为城市夜晚一道靓丽风景线。

道路灯具可分成两类：一是功能性道路灯具；二是装饰性道路灯具。功能性道路灯具：具有良好的配光，使灯具发出的大部分光能比较均匀地投射在道路上。装饰性道路灯具：主要安装在园内主要建筑物前与道路广场上，灯

| 景观装饰灯

| 隐蔽照明

| 表露照明

具的造型讲究，风格与周围建筑物相称。这种道路灯具不强调配光，主要以外表的造型艺术美来美化环境。

照明灯具由于要经受日晒、雨淋、刮风、下雪，必须具备防水、防喷、防滴等性能，对其灯具的电器部分应该防潮，灯具外壳的表面处理要求比较高。照明灯具在城市景观中是一种引人注目的设施小品，白天可利用不同造型的灯具点缀庭园、组织景色，夜间则可利用灯光提供安全的照明环境。

根据装饰照明灯具的不同设置方式和照明目的，可将夜景照明分成两类。第一类是隐蔽照明，广泛用于景观小品中；第二类是表露照明，主要为突出装饰效果与渲染气氛，或独立放置或群体列置，照明目的不在乎有多高的照度和亮度，而在于创造某种特定的气氛，形成夜晚独特的灯光景观，如放置在草坪中的灯，一般都比较矮，而且灯具外形尽可能艺术化，有的像大理石雕塑，有的像亭子，有的小巧玲珑，讨人喜爱。

e. 座椅。

座椅在城市环境中如同室内一样，是最常见、最基本的“家具”。设置座椅的地方，很自然成为吸引人前往、逗留、会聚的场所。座位的数量越多，则场所的公共性越强，因此它可以适应多种环境的需要；反过来，各种环境的特点又要求座椅采用相应的材料、造型及与其他环境设施结合的形式。观赏、休息、谈话和思考是座椅同时兼具的服务内容。座椅所在的环境以及使用人的主要需求，决定了它的安设位置、座位数量、造型特点等设计原则。

座椅色彩和造型在同一环境中宜统一谐调、自成系统、符合环境特点、富于个性；座椅材料的选择除与环境特点（环境性质、背景和铺地特点）相关外，还要考虑使用频率（一人一次占有时间）。频率低者（占用时间短、使用人少）可选用水泥石材，频率高者应选用木材。座椅设计应用实例如下。

法国的木制座椅，比较适合交流。谈话场所需要一定私密性的，应该与行人路径及公共小广场的距离较远，座位以2～3人为宜，且独立分散设置

街头有靠背的座椅，适合休息和思考。思考场所需要更安静的环境时，座椅以1～2人为宜，造型应小型、简单

休憩人的观赏是随机性最强的内容，无论是公共场所还是私密性环境，都要求为观赏提供条件。观赏对象是景物也可能是人，但需避免与私密性环境（如住宅窗户等）的对视可能。图为某住宅小区内的花岗石面的座椅，色彩稳重，造型简洁

休息场所通常与人行道路关系密切，座椅的设置应与行人接近，以方便使用者，并尽量形成相对安静的角落和提供观赏的条件。图为日本东京设计新颖的座椅，成为城市的一个景观

休息场所的座椅应集中、数量较多、造型自由，可与树木、花坛、亭廊等设施结合，也可利用喷泉、雕塑周围的护柱。图为圆柱形花岗岩座凳，同时也起着路障与照明灯具的作用

座椅附近应配置烟灰皿、卫生箱、饮水器等服务设施。图为体现现代画派风格的广场座椅，与卫生箱配合得相得益彰

f. 信息标志。

多数标志的设置是以提供信息、街道方位、名称等内容为主要目的的。标志的设置方法有：独立式、墙面固定式、地面固定式、悬挂式。

标志有两大类，即诸如导向板、路标、标志牌等传递信息的标志和桥、建筑、雕塑、树木等构成城市标志性景观的标志。这些标志传递信息的方式有多种，诸如文字、图形（符号），色彩的视觉传递方式、利用音响的听觉传递方式、利用立体文字的触觉传递方式以及利用香气等气味的嗅觉传递方式。主要是根据地区利用地的总体建设规划来决定信息标志的形式、色彩、风格、配置，制作出美观、功能兼备的标志，形成优美环境。

考虑到标志主件制作材料的耐久性，常选用花岗岩类天然石、不锈钢、铝、钛红杉类坚固耐用木材、瓷砖、丙烯板等；构件的制作材料，除选择与主件相同的材料外，一般采用混凝土、钢材、砖材等。

标志的规划设计要点如下。

- 关于区域性标志规划设计。应当在决定配置所有标志图牌前，利用不同的建筑造型、色彩、行道树、地面铺装材料，并通过设置纪念性建筑、标志性树木、大门等，使建筑等本身具备一定标志功能。
- 标志的色彩、造型设计应充分考虑其所在地区、建筑和环境景观的需要。同时，选择符合其功能并醒目的尺寸、形式、色彩。而色彩的选择，只要确定了主题色调和图形，将背景颜色统一，通过主题色和背景颜色的变化搭配，突出其功能即可。
- 传递信息要简明扼要。
- 配置与设置标志时，所选位置既要醒目，又要无碍于车辆、行人往来通行。
- 结构应坚固耐用。
- 标志所配备的照明有两大类：照明灯具安装在标志内的内藏式和外部集中照明方式。外部集中照明方式较适用于有绿化树木的地方。

标志设计应用实例如下。

日本福冈路标系列通过相同的色彩、质地以及标志性的艺术设计，获得很好的统一性

广场信息板，信息展示容量大，效果突出

中国香港的士上下车站的标识，色彩沉静，具有良好的识别性

区域导向牌

g. 垃圾箱。

垃圾箱是城市环境中必备的设施，如要求垃圾箱能收到实效，应将它们设置在恰好有垃圾投入的地点（例如，公共汽车站、坐憩区、自动售货机、糖果香烟亭和停放冰激凌车处）。为了避免这种不太雅观的东西过于突出，可以和其他设施（如座椅、护柱和灯柱等）组合在一起，并应安置在某些体积较大的物体之上，例如，在墙、柱以及栏栅上，而不是让它们“各自为政”。

容器的容量应根据预计清除的次数而定。如每天清除一次，则可做成无盖的；不是经常清除或收纳易腐烂和招引蝇类脏物的垃圾箱，应采用有绞链的盖子。垃圾箱设计应用实例如下。

卡通造型的垃圾桶能吸引儿童们自觉投入废物

园路旁的金属垃圾桶，简洁明快

金属与混凝土结合的垃圾桶

与座椅相结合的垃圾桶设计，突出方便的理念

法国街头无框格玻璃电话亭，颇具现代感，但需很好的维护

荷兰有框格玻璃电话亭，线条清晰，色彩明快，四面采光条件较好

h. 电话亭。

电话亭的设计，首先要注重使用效果，即符合人体功能，全套设施完好正常，可经受一般的粗暴使用，保证通话的私密性和免受外界噪声干扰，并对风雨有防护能力。在城市环境中，电话亭并无组织景点的作用，因此作为景观的从属物，在造型和配置方面要与环境特点取得谐调，做到容易被使用者发现，又不过分夺目。

电话亭就其封闭性能可分有隔音式（四周封闭的盒子间）、半封闭式（不设隔音门的盒子间）和半露天式（固定在支座或墙柱上的半盒子间）。电话亭按设置电话机的台数分独立设置、两间并列、多间集中。决定电话亭形式和并置数量的是环境的对外公共性质（如人流密集的展览场、广场、街道等）和人的使用频率。例如，在商业街和公园，为防止外界干扰，需设隔音式电话间，而在街头则可设便捷的半露天式电话亭。电话亭设计应用实例见上图。

设计阶段任务小结

设计阶段的主要任务是能够对城市广场空间整体设计有足够的认知，注重对学习者创意思维的延展训练，要求在掌握城市景观设计原则的基础上，能够对城市广场空间景观元素进行组合性设计。

任务与实践

实践项目：在校园内选定某个景区或周边小区作为项目地点，完成以下任务中的一项。

① 项目地点的雕塑设计。

② 项目地点的水景设计。

③ 项目地点的花坛设计。

成果与提交

① 现场勘查，收集相关资料，了解选定项目地点的具体情况。

② 按照功能与美观要求设计景点元素，以A2图纸手绘表现。

③ 要求有景点所在环境平面位置示意以及所在环境的效果图。

任务四 | 文本编制阶段

任务 具备完成城市广场景观设计的技术能力。

目标与要求 掌握城市景观设计的视觉表现及制图程序。

案例与分析 在城市景观设计中，如何表达景观设计的内容，以及如何将景观设计表达的内容组织和表现，成为现阶段文本编制要学习的主要内容。

经过准备、策划、设计各阶段，我们对以广场为学习情境的城市景观设计的内容及设计构图与创意有所掌握，但设计不仅仅是停留在头脑中的影像，它不仅需要图文的表达，还需要一系列专业制图的过程以及对设计进行细化与编排，这个过程的序列化，有利于设计图的组织与交流，这就需要掌握城市景观设计的视觉表现及制图程序。

知识与技能

1. 城市景观设计的视觉表现

一切可以进行视觉传递的图形学技术，都可以作为专业设计的表现技法。

城市景观设计首先可以通过手绘来表现。手绘表现技法的技巧性较强，艺术素养要求较高。具体表现技法是通过对景观设计资料的收集、临摹与整理，用专业绘画的手段，初步了解专业的概略，通过绘制透视效果图验证自己的设计构思，从而提高专业设计的能力与水平，从专业绘画的角度，加深对空间整体概念及色彩搭配的理解，提高全面的艺术修养。其次，城市景观的视觉表现可以应用计算机绘图，把手绘表现技法中对空间景深塑造、整体色调把握、光影投射质感表现的技能应用到计算机绘图中。

综上所述，景观设计的视觉表现可以通过手绘即表现技法来完成，也可通过计算机绘制完成。现阶段主要以透视效果图的制作方法作为城市景观设计表述的视觉表现。但效果图表现也可应用于平面图及立面图的视觉表现。

（1）手绘平面效果图

| 手绘渲染住区景观平面图

| 手绘渲染住区景观设计图

（2）手绘立面效果图

| 手绘渲染立面效果图

| 手绘渲染立面效果图

（3）手绘透视效果图

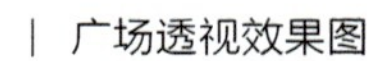

| 广场透视效果图

| 住区游园透视效果图

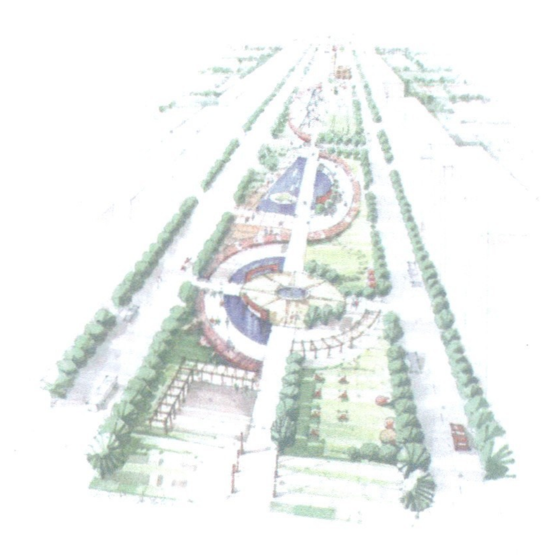

| 道路透视效果图

| 街景透视效果图

在现阶段，计算机绘图是专业设计表现技法不可或缺的重要组成部分。计算机制图是指以计算机为辅助工具，根据具体要求，并采用不同的系统软件，制作完成的表现或施工制图。目前，用于制图的系统软件包括制作施工图的AutoCAD系统软件、制作表现图的3ds Max、Photoshop等，鉴于计算机及其系统软件飞速的发展状况。计算机辅助设计系统，必将越来越方便于设计师们的使用，但在设计思维和设计理念以及创造力的培养方面，计算机是永远不可能替代具有情感和思想的人的手绘方式。特别是在实际工程设计的创意阶段，设计师恐怕更多地是使用手绘而不是计算机制图方式，因为手绘可以帮助设计师更加灵活和赋有激情地展开他们的想象。

| 计算机制作的平面效果图

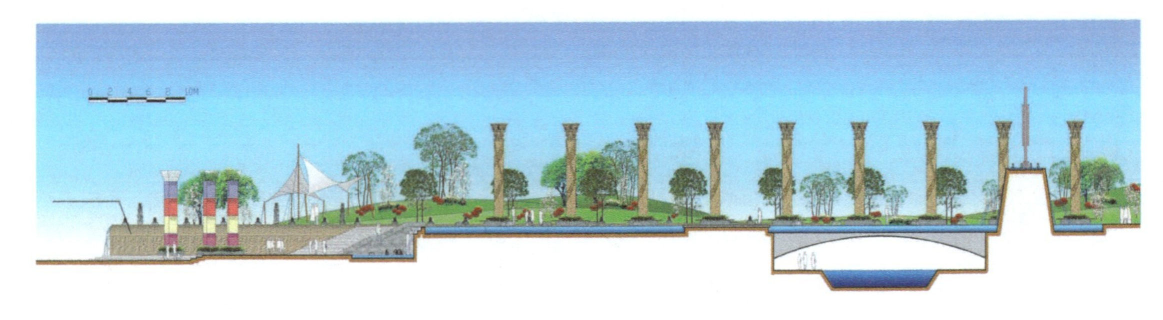

| 计算机制作的剖立面效果图

| 计算机制作的透视效果图

2. 城市景观设计的制图程序

制图程序是指在城市景观工程设计中所表现出的一般规律，这里，我们将从实用的角度出发，使问题得到尽可能简捷和明了的分析。

（1）概念图

所谓概念图并非指某种特定的制图，而是指在城市景观工程设计的初始阶段，对于所要进行的工程项目，进行全方位的分析和论证（如在各功能区域的选择、尺度关系等方面进行的思考、分析和研究），最终得出结论以便在以后的设计中具体化而形成的图。概念图是整个景观工程设计的开始，同时也是一个关键阶段，是一个需要实地考察并结合具体条件及要求，分析研究多方论证的过程。概念图阶段所得到的结果将会对景观工程产生长久且深远的影响。

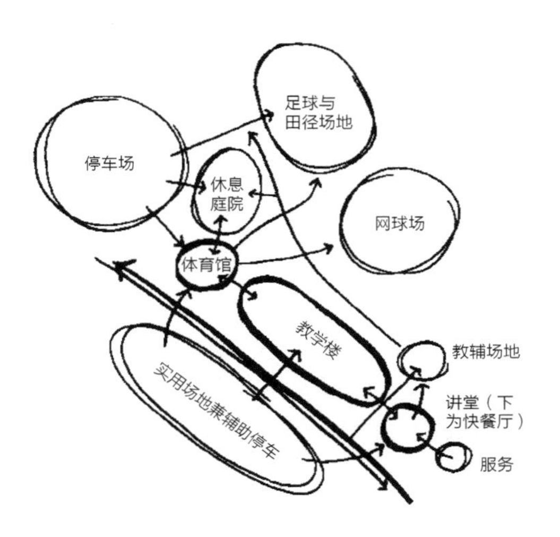

| 概念图1

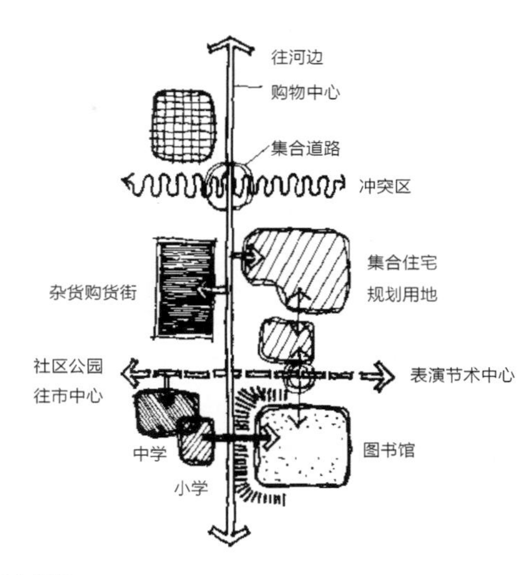

| 概念图2

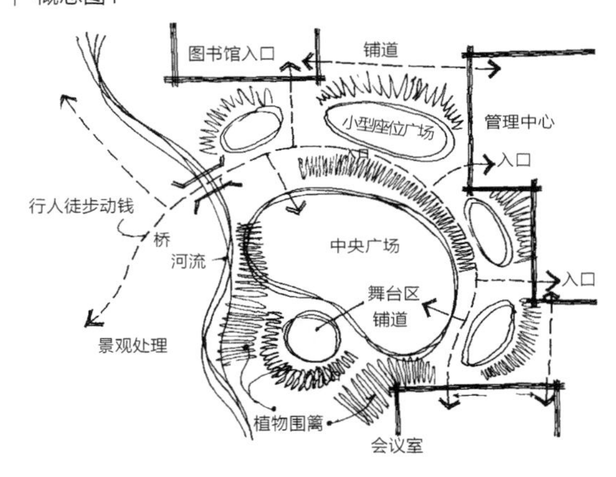

| 从概念平面配置向方案设计阶段的发展1

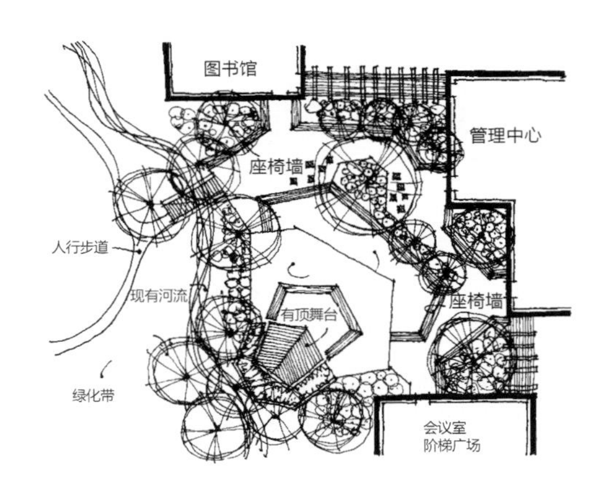

| 从概念平面配置向方案设计阶段的发展2

（2）方案图

方案图即通常所说的设计草图，是在概念图基本确定下来以后，进行在功能区域或具体景观的定位、形态、尺度、结构等方面进行合理规划的过程。对设计师来讲，这是一段充满苦恼和欢乐的时期，也是一段费尽心思迎接挑战的时期。其中所面临的问题是具体而繁杂的，需要以设计师长期各方面的知识修养以及发现和解决问题的能力做依托。

方案图主要反映设计师的设计思想，虽然在制作上不要求如施工图那样精致，但在设计上一定要求合理准确。方案图主要是以总平面图的方式来表示，当然同时也兼顾景观设计中的立面或剖面。

（3）表现图

表现图又称“效果图”或“渲染图”，是景观设计中一个较重要的制图环节。因为它采用立体表现一般物像和场景的方式，可以快捷和直接地表达设计师的意图，加强工程中甲乙双方（特别是包括非专业人员）的认知能力，进一步完善工程设计方案。所以，表现图在城市景观设计中被广泛采用。表现图的绘制一般是在制作施工图之前或过程中进行。工程的相关领导往往就是根据表现图对工程设计提出修改意见。当然，修改意见也有可能发生在施工图的制作过程中。

表现图并非工程施工图，虽然具有一定程度的真实性，但因制图方式所导致出的不同程度的变形效果，同时也具有理想化的或被设计师渲染的成分，因此在实际的工程设计和施工中，表现图仅以辅助图的形式出现，而不能直接指导施工，不应具有法律效力。表现图可分为轴测图和透视图两种。

① 轴测图。

轴测图即轴侧投影图，是一种画法相对简单的立体图，属平行投影范围。轴侧图因其立体的表达方式，常常不能如“正投影图”那样，能够准确地反映出物体的真实形状和比例尺寸。所以，轴测图在景观工程的设计中只是作为辅助图的形式出现。

轴测图可分为两种，一种是轴测正投影，简称正轴测；另一种是轴测斜投影，简称斜轴测。斜轴测有两种，即水平斜轴测和正面斜轴测。在城市景观设计中，斜轴测特别是水平斜轴测是广泛采用的表现图的制作方式。

| 正轴测

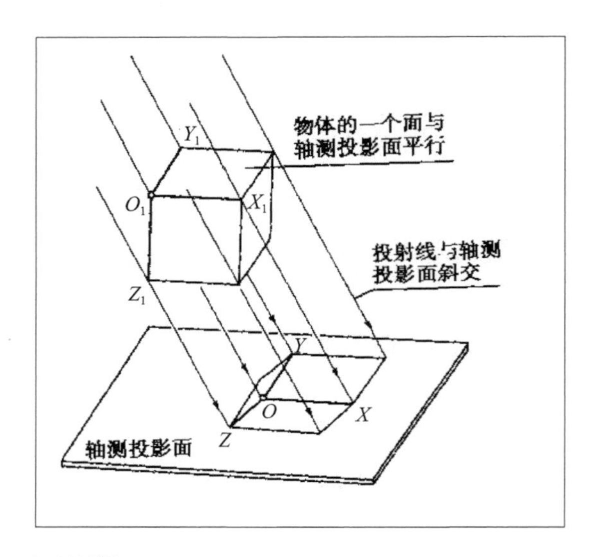

| 斜轴测

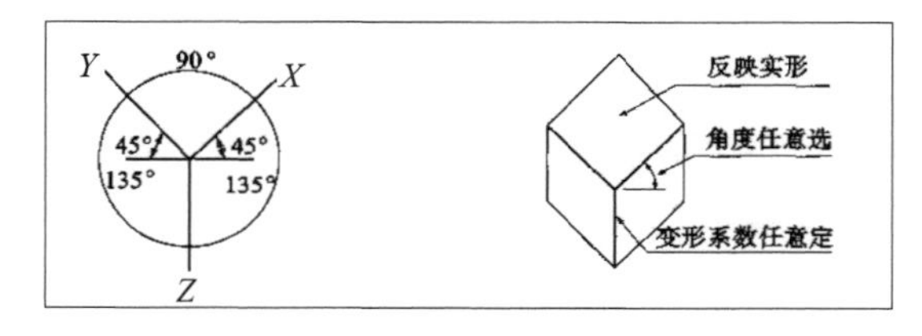

| 水平斜轴测

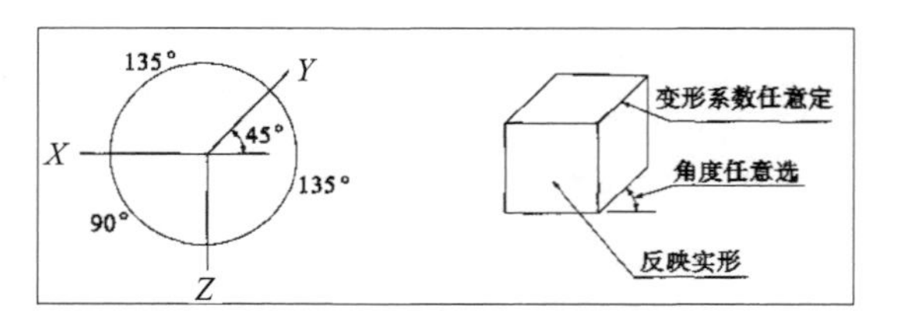

| 正面斜轴测

轴测图的制图方法有多种，其中，有一种最为简单的“直接作法”，这种做法主要针对相对简单的景物而绘制，其做法如下。

/ 以准备绘制的景观设计平面图为基础，选择一个利于表现的角度（这个角度最好能够在所要绘制的轴测图中可以同时看到两个面），并如实将这个平面图移画到准备绘制轴测图的图纸上。

/ 在移画后的平面图上直接立高，并进一步完成轴测图的制作。

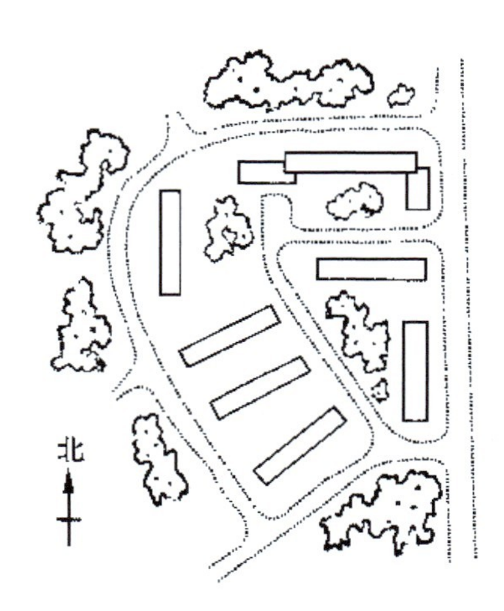

| 景观设计平面图

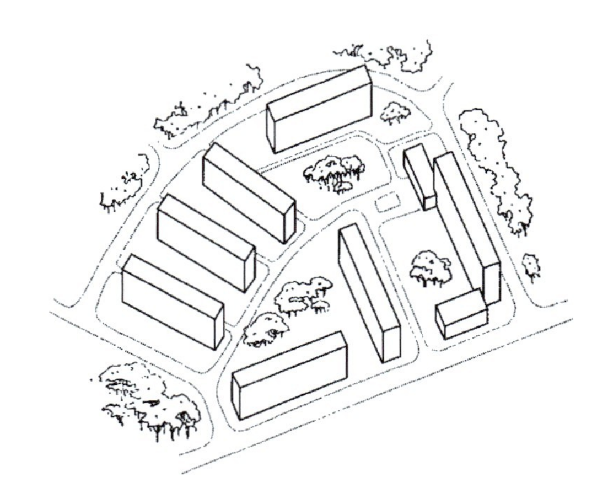

| 直接立高变为三维图

针对景观设计中复杂的平面布局，我们可以采用“网格法”进行制图。这种方法同时还可以结合一点透视、两点透视和三点透视进行绘制，是种较为理想的表现图的绘制方法。

② 透视图。

透视图一般分为3种透视关系，即一点透视、两点透视和三点透视。

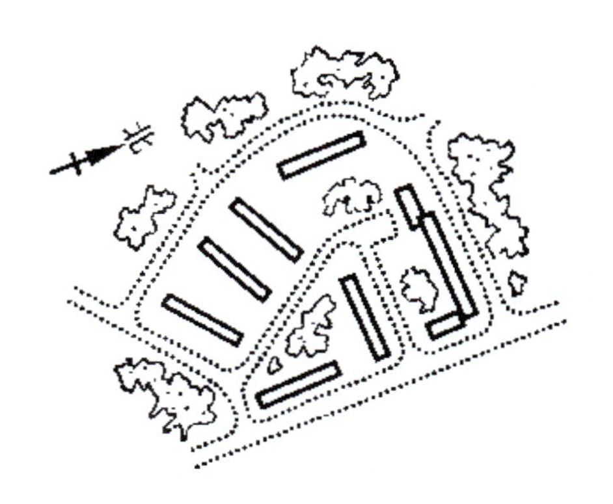

| 旋转一定角度的景观设计平面图

a. 一点透视。

建筑物中，有两组主向轮廓线平行于画面（不会产生灭点），而第三组轮廓线与画面垂直（一定产生灭点），具备这样情况的透视称为一点透视。因为这种情况下的建筑物，必然有一个方向的立面平行于画面，所以，又可称之为正面透视。

| 一点透视

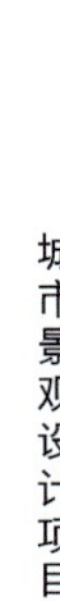

b. 两点透视。

建筑物中，仅垂直轮廓线与画面平行，另外两组水平的主向轮廓线均与画面相交，从而形成具有两个发展方向的灭点，具备这样情况的透视称为二点透视。在此种透视中，因建筑物的两个立面与画面形成了倾斜的角度，所以，又可称之为“成角透视”。

两点透视

c. 三点透视。

前两种透视都有一个共同的特点就是画面与基面相垂直，这就意味着，我们的视线基本上是保持在一个水平的状态里。而在三点透视中，画面倾斜于基面。那么在这种情况下，建筑物的3个主向轮廓线均与画面相交，相应地就形成了3个灭点。因为三点透视中的这种画面倾斜于基面的特点，故又称为“斜透视”。

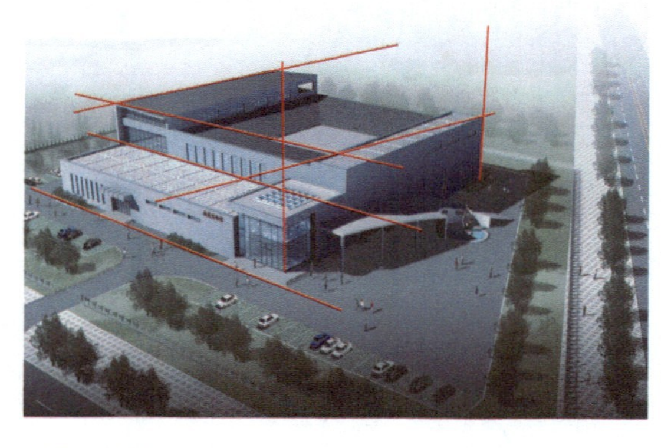

三点透视

透视图与轴测图相比，二者在其表现上各有其独特的优势。例如，轴测图可能更利于表现景观工程的全景，而透视图往往对具体的景观有独到的表现力。总之，表现图在景观工程设计中充当了一个不可忽视的重要角色，是用以沟通人们思想和情感的桥梁。

（4）施工图

施工图是景观工程设计中最为重要的制图环节，一个景观工程需要一整套的施工图才能准确进行工程施工。这里，我们仅介绍与艺术有关的景观工程施工制图，包括总平面图、平面图、立面图、剖面图以及详图等。

① 总平面图。

总平画图是针对整体景观工程，包括在原有或新建的建筑、自然或人工景观、市政工程（桥梁、道路等）、公共设施、公共艺术以及地形地貌等在位置、尺度、标高等方面的规划设计。总平面图在景观工程设计的施工图中可谓关键至极，是工程设计和施工首要依据的施工制图。

在总平面图的制作中我们要注意以下问题。

/ 根据“国标”的有关规定，施工图中均须注有祥细的尺寸，作为施工制作的主要依据：施工图中，总平面图以米（m）为单位，其他均以毫米（mm）为单位。

/ 图中要标明比例尺。总平面图的比例尺一般是1：500、1：1 000、1：2 000。同时，总平面图中也要标注指北针，其箭头示意正北方向，上有一大写的N字。必要时还要标注“风玫瑰”以表明该地区的风向情况。

/ 总平面图中要标有图例，以说明图中内容，或以标号以及引线的形式，在适当的位置以文字的形式说明图中内容。

/ 总平面图中一般需要注明标高。标高分绝对标高和相对标高。景观工程设计中一般使用相对标高，标高以“o. ooo”表示，高出某地者为+，相反为-。

② 平面图。

平面图与总平面图在制作方法上并无多少

差别。总平面图是相对一个总体区域而言，平面图则是针对总平面图中的一个局部区域，是具体景观施工的直接依据。在景观艺术设计中，根据工程的具体要求，这两种制图都有不可替代的作用。

平面图的基本内容包括：

/ 表明具体景观（如建筑）的形状、内部的布置及朝向；

/ 表明具体景观的尺寸；

/ 表明具体景观的结构形式及材料；

/ 表明景观中的具体地面标高；

/ 在具体景观中所涉及的，需要表明剖面图、详图和标准配件的位置及其编号；

/ 综合反映其他各工种（水、暖、电等）对工程施工的要求；

/ 文字说明。

③ 立面图。

立面图是表示景观（如建筑）的外貌，主要为景观工程在立面造型、具体景物的位置、高度关系、材料及其布置等提供施工依据。

④ 剖面图与详图。

剖面图主要表示的是具体景物的结构形式与内部分布情况。详图则是针对剖面图不能详细表达的地方所进行的制图。在实际工程中，剖面图与详图对于施工人员的具体施工具有直接的和十分重要的指导意义。

以上我们简单分析了制图的有关问题，除此之外，作为一种辅助手段，景观模型在工程设计中也同样能够起到非常重要的作用，特别是针对大型的景观工程设计时，景观模型便尤其显得作用非凡。

景观模型是根据景观工程的实际，以相同或相似的材料严格按照实际尺寸、形态和结构方式等，并按照一定的比例制作出来的，供工程工作以及相关人员研究设计方案或观赏的模型样式。景观模型一般出现在工程方案确定后的工程施工过程中，主要起展示作用，景观模型是一种最为直观的设计方案表现形式，制作精美的景观模型本身就是一件艺术品。

文本编制阶段任务小结

城市广场项目环节文本编制阶段的主要任务是掌握城市景观设计的视觉表现及制图程序，要求学习者在掌握专业设计创意能力的基础上具备完成城市广场景观设计的技术能力。

任务与实践

以小组为单位，对校园某建筑前广场，或邻近住宅小区某广场进行实地踏查与测量，完成该广场的景观设计。

成果与提交

（1）通过场地踏查与测量，分析广场环境，确定该广场的景观设计定位。

（2）完成广场设计平面图。

（3）完成广场设计主要景点的平面图、立面图及效果图。

（4）运用计算机综合绘图，使用A3图纸打印并装订成册。

02

项目二 | 城市道路景观设计

项目概述：城市道路景观设计是城市景观设计中的带状景观构成，道路是城市的导游线，城市景观的展示依赖城市道路景观。如果把城市景观比作美丽的项链，城市广场景观是串项链的珍珠，那么城市道路景观就是贯穿项链始末的奢华丝线。城市道路景观设计是城市广场景观设计的延伸，在延续城市广场景观设计的基础上，通过对城市道路景观设计的学习，加强掌握城市景观设计的知识与技能，形成对城市景观设计工作过程的全面性认知。

任务与实施

任务——掌握城市道路景观设计的方法，具备实现城市景观设计工作的能力。

实施——以城市景观设计工作过程为任务阶段，依次为如下几部分。

（1）准备阶段任务：通过对城市道路级别及断面形式的学习和城市道路环境的调研，掌握场地踏查方法。

（2）策划阶段任务：掌握城市道路环境设计的理念分析方法。

（3）设计阶段任务：能设计各种道路的铺装，并熟练进行科学合理植物配置。

（4）文本编制阶段任务：具备完成城市道路景观设计的实践能力。

重点与难点

了解城市道路景观设计的内容与要求，掌握与设计相关的归纳、整理、分析等方法。

能力目标

具备设计操作能力。能够结合城市道路空间设计实践，发现问题，解决问题，完成项目设计。

项目实训技能与成果

（1）高级手绘：能够具备相当的手绘水准，并能创造出包括手绘透视图在内的堪为典范的精品。

（2）分析图设计：能够敏锐地找出一个设计的核心矛盾，并能够借鉴过往的设计经验以及在相关案例的检索基础之上，提出最佳解决方案（有时是多个方案）。

（3）中型设计：相对于小型设计来讲，中型设计增加的只是设计的面积，所以掌握基于空间整体的思考方法以及对小型项目的认知是提升的前提与保障。

任务一 | 准备阶段

项目实训任务 学习掌握现场踏查与测量的方法。

目标与要求 道路级别、道路周边环境及地形地貌不同，在城市中的景观表征各不相同。城市道路景观环境还包括道路附属设施景观、道路两侧一定范围区域内的景观以及道路历史文化等人文景观。通过对城市道路景观设计的实践，有助于呈现城市的动态化景观。本阶段要求通过对城市道路级别形式的学习和现场考察，掌握城市景观设计中场地踏查与测量的方法。

案例与分析 上海市昌平路道路园林景观设计项目。

1. 设计资料收集与整理

项目概况：昌平路道路拓宽工程西起延平路，东至江宁路，全长约1.2km，是上海市静安区旧区改造实施项目。限于立地条件，规划仅在道路北侧留出宽9～15m的道路园林用地（含人行道），总规划面积约16 500m²。全线共划分以下5个路段。

（1）延平路—胶州路段：延平路口以一组构骨球组构节点景观；住宅楼前，以白玉兰为上木，海棠、结香等为中木，绣线菊、南天竹、杜鹃等作下木配以过路黄等地被植物，结合外侧复排行道树连带，构筑复层道路植物景观；中部体育场前，以植物围合出一处相对独立的健身活动区，并结合人流疏散，以点阵式栽植的栾树群掩映其内色彩鲜明的雕塑化座凳，构筑活跃的林荫健身广场氛围；胶州路口孤植胸径约80cm的大香樟1株，5株华盛顿棕榈沿白色弧形景墙序列栽植，与前部亨利·摩尔雕塑相映衬，突出都市简洁明快的生活韵律。

总平面图（延平路—胶州路）

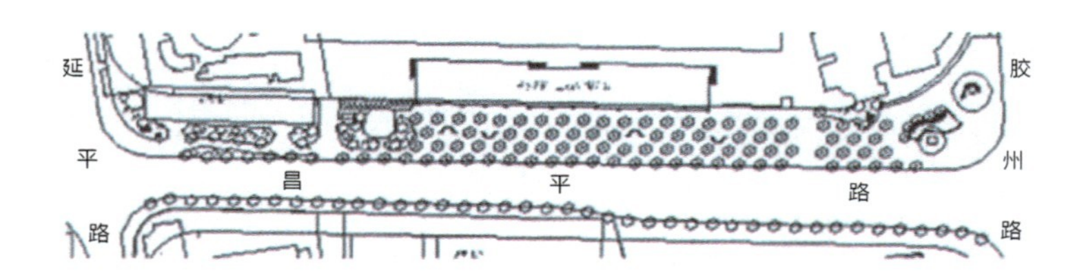

| 林荫广场与座凳

| 植物与雕塑

（2）胶州路—常德路段：规划用地仅宽8～12m（含人行道），用水杉林遮挡沿线厂房立面，以与行道树交接覆盖的香樟、枫香等为上木，罗汉松、海棠、桂花等为中木，月季、玉簪、美人蕉、萱草、杜鹃等为下木，构筑复层花境植物群落，形成“林荫花径”式的植物景观群落。

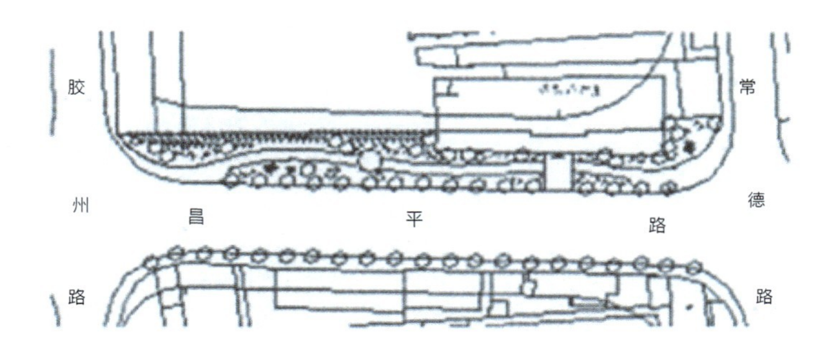

| 总平面图（胶州路—常德路）

（3）常德路—西康路段：常德路口延续复层植物群落组景，掩映其内的老式洋房，衬托红色抽象雕塑；中部结合周边环境，逐步过渡到商业群房前的栾树绿地广场；西康路口3 000m²街头绿地作为全线重心，香樟、枫香、广玉兰等三五成丛，腊梅、海棠、樱花、桂花等穿插其间，南天竺、月季、燕麦草等作下木地被，植物配置结合山、水、雕塑、小品等，用对景、障景、漏景等传统造景手法组织景观空间，展现出一幅自然、生态、人性化的绿色画卷。

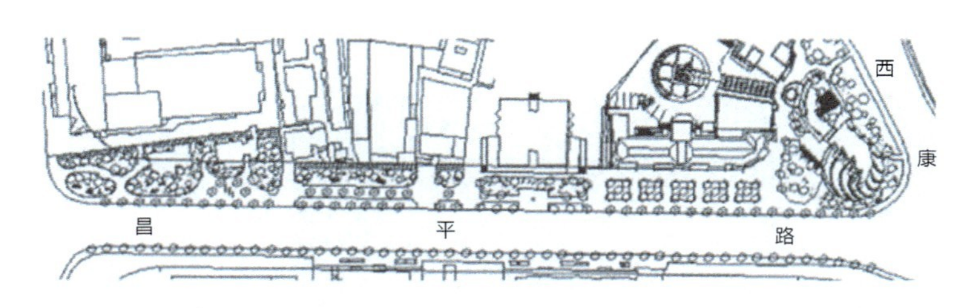

| 总平面图（常德路—西康路）

| 植物群落景观

| 竹林与路中草亭

（4）西康路—陕西路段：西段红竹成林，箬竹披覆，青砖竹径通幽，婆娑竹影掩映其内竹亭荒石，以“松、竹、梅”与竹、石结合的传统植物配置寓意传统文化精髓；东段结合自由式花坛布局，以火棘、金边黄杨、红花继木、草花等色块栽植的植物景观组合金属座凳、古铜抽象雕塑与石库门框景墙，展现简洁、明快的现代风格；以截然不同的植物景观营造出各异的园林空间意境，重塑传统与现代符号，反映古今文化的对比与融合，寓意旧城改造的新颜。

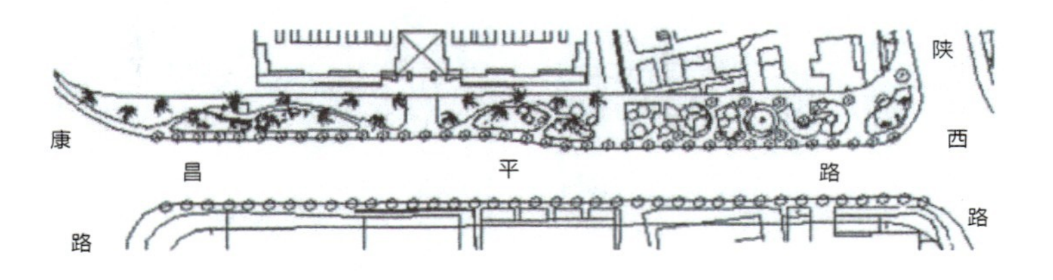

| 总平面图（西康路—陕西路）

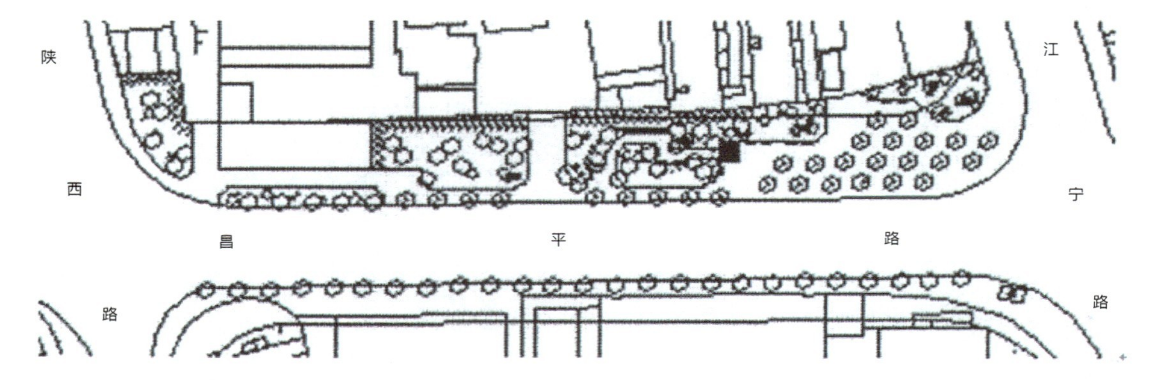

| 总平面图（陕西路—江宁路）

| 花坛组合框景墙、雕塑、座凳

| 浮雕区域植物景观

（5）陕西路—江宁路段：西段规划地仅宽7m（含人行道），延续栾树行道树连带的色块配置，形成贯穿全线的行道树绿带轴线；东段作为全线道路园林景观的收尾，结合沿线商业、车站等，以点阵式栽植的华盛顿棕榈群与掩映其中的西班牙式方亭构筑一派南方植物空间，绿色掩映下，一座石库门楼雕塑框景后部浮雕墙，铭刻静安旧城改造的历史与文化。

2. 调研与设计分析总结

通过对上海市昌平路道路景观设计项目的勘测与调研，可以看出该道路景观是以植物为主的道路景观布局，充分利用组织调配道路交通与景观空间，提升道路绿化覆盖率，构筑一条融功能、景观及城市文脉于一体的城市生态景观绿廊，营造一种人性化的绿色交通空间。

上海市昌平路道路景观设计结合道路周边环境，发挥道路园林的交通组织功能，使人行道与园路等“合而为一”，提升道路绿化率，以城市居民的行为规律为主要考虑，布置景观设施，拓展道路景观的日常休憩功能；道路突出以植物组景为主的路口景观节点，以复排行道树为绿轴，以植物造景为组织空间的主要手段，以路段为区间划分，呈现“起、承、转、合”的景观序列；道路景观以软质与硬质景观的虚实搭配，体现自然活跃的生命力，以现代雕塑语言组合旧城民居符号，演绎城区历史文脉，组构城区道路意象。

通过上海市昌平路道路园林景观设计项目可以看出，城市道路景观是城市景观的动态体现，与我们的生活密不可分。要想设计出优秀的城市景观道路首先要认识道路景观设计的重要性；对城市道路景观的分类、断面形式及路面铺装要求有所了解。更重要的是，城市景观设计的前提工作即我们本阶段的主要实训任务是能够对城市景观道路进行场地踏查与调研，从而掌握城市景观设计的前期工作任务，为城市道路景观的策划阶段提供丰厚翔实的设计创意资源。

知识与技能

1. 设计城市道路景观的原因

随着整个社会经济的高速发展，城市人口快速增长、城市建设如火如荼、工业和交通的发展等使得城市环境质量恶化严重，尤其是现代交通压力增大，给城市的环境带来很大的冲击。拥挤道路上行驶的机动车，给城市造成了严重的空气污染；其次，城市繁忙的交通给城市带来了严重的噪声污染，已严重影响了人们的日常生活和休息，成为城市的公害，使城市环境面临严重的挑战，城市、人口与生态环境的矛盾日益突出，产生了前所未有的生态压力。一样的高楼大厦、一样的汽车人流、一样的生活环境，造就了整个城市是同一个“脸面”，越来越多的城市文化、城市特色淹没在城市的大建设中。

道路景观对于城市景观、城市意象的确立有着不容置疑的重要作用，主导着人们对城市的主观体验。城市街道的建设对于城市的客观物理环境包括地形、地貌、通风、光照、排水、动植物及城市空间格局等都将产生不同程度的影响，进而改变城市景观环境及居民的生活环境。城市街道景观的3类构成元素：界面（其概念接近于“边沿”）、节点和细部设施（作为街道景观所特有的要素），无论从视觉、触觉、嗅觉等各方面都将引导人们对城市进行积极感受，并进一步发掘城市的内涵，体验城市地域文化特色，强化对城市生活的认同感。

结合上海市昌平路道路园林景观设计分析，道路景观是整个城市绿化的骨架，“线”状的道路绿地把城市“点”状和“块”状绿地连接起来，形成整个城市绿地系统。而且道路绿化不仅具有降温、遮阳等实用功能，还可以有效地改善道路和城市的生态环境。因此，道路景观是城市景观极为重要的组成部分，对改善城市的恶劣环境有很大的作用。

在塑造有特色的城市形象方面，道路景观也起到了举足轻重的作用。一个城市的道路景观，是城市风貌、特色的最直接的体现和表达，是人们了解城市、感知城市特色的橱窗和上海浦东的世纪大道景观设计，全长5km，是中国第一条景观道路。沿途景观设计突出时间系列的露天城市雕塑展示长廊，另外大道上的系列小品如路灯、护拦、长椅、遮蔽棚等，也都以充满现代感的风格精心设计。世纪大道如今成为上海一道不可多得的景观，世纪大道的设计富有法国式的浪漫情调，又不失东方文化的含蓄和优美，突显着上海作为国际大都市的品质

廊道。凯文·林奇在《城市意象》一书中，在列举的构成城市形象的5个要素中，就把道路要素放在了首要地位。因为城市道路是城市的框架和纽带，它是城市居民户外活动最主要的公共场所。良好的城市道路景观可以使城市居民有愉悦感、增加幸福指数，还可以使外来者对这个城市有亲切、美好的印象。

因此，城市道路景观设计水平的高低对整个城市外在形象有重要意义，能直接影响道路形象进而决定城市的品位。

2. 城市道路的分类与景观设计

（1）城市道路的分类

按照道路在道路网上的地位、交通功能，以及对沿线建筑的服务等功能，《城市道路设计规范》将城市道路分为4类：快速路、主干路、次干路、支路。

① 快速路。

为城市长距离交通服务、车辆能够快速行驶的重要道路。在人口大于100万的城市中可以设置快速路；快速路仅限机动车辆通过，行人以及非机动车禁止进入；机动车道中央设有隔离带；进出口采用全控制或部分控制；设计车速为80～100km/h。

② 主干路。

连接城市各主要分区的干路，以交通功能为主，在城市道路系统中起骨架作用。主干路采用机动车和非机动车分道行驶，一般机动车道有4条或6条，非机动车道设有隔离带，公共建筑物的出入口不能设置在主干路两侧。

杭州市彩虹快速路

北京市主干路——长安街

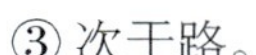
南京夫子庙步行街

上海南京路步行街

③ 次干路。

城市道路系统的主要道路，是主干路的辅助交通线，和主干路共同构成了道路网。次干路数量较多，道路两旁可以设置停车场以及公共建筑物。次干路能够集散交通并且兼有服务功能。

④ 支路。

生活性道路，主要供非机动车通过和行人步行，将次干路与街坊路连接起来，解决了局部地区的交通，其功能主要是以服务功能为主。

此外，一些大城市还设有专用道路，如载重汽车专用道路、公共汽车专用道路、自行车专用道路、步行街等。许多大城市有专门的步行街，禁止机动车和非机动车进入，为行人提供旅游、购物等服务，如苏州的观前街、南京的夫子庙、上海的南京路步行街等。

（2）城市道路景观的构成要素

城市道路景观设计所涉及的要素很多，但从自身属性来看，可以分为自然景观要素、人文景观要素和心理要素这三大类。道路景观设计就是将地形、植物等自然景观要素和建筑、园林小品等人文景观要素作为设计要素，然后将这些要素根据工作人员的设计构思有机地结合起来，最后形成具有地方特色的城市道路景观效果。

① 自然要素。

地形和地理环境：道路绿地规划设计所要考虑的基础要素，也是最重要的要素。城市道路并不是千篇一律的平地，如我国青岛市的地形主要以丘陵为主，路面起伏不定，因此在对道路进行规划设计时就要依据当地的实际地形，适当地植树。苏州干将路就是两街夹一条河，因此就要考虑河的宽度，根据河的宽度来调整河边绿带的宽度。由此可以看出，道路结构将会影响到道路绿地的构成形式、植物配置、景观效果、给排水工程、小气候等因素。

② 人工要素。

建筑：道路红线以外就是建筑，因此在对道路进行规划设计时，需要考虑到建筑要素。若道路两旁的建筑较低矮，那么行道树绿带不宜种植冠幅较大的乔木。城市的老城区建筑一般比较古老、道路较狭窄，道路的规划风格应与古城的风格相一致，不能太过张扬。

青岛高低起伏的道路

园林小品：城市规划中不可或缺的元素，它会使城市景观更富于表现力和文化内涵，也是道路规划设计的重要元素。园林小品一般包括雕塑、山石、座椅、路灯、指路标牌等。我国一些比较大的城市，通过在道路两旁设立假山石来增加城市的文化韵味，在道路的交叉口设置路标来指引道路。

③ 心理要素。

城市道路景观在很大程度上能够展现出一个城市的经济水平、文化内涵、历史韵味，即在一定程度上代表了城市形象，良好的绿化、宽阔的道路给人以感染力。在城市道路景观设计中，其着重点在于意境的营造。心理学家马洛斯在20世纪40年代就提出人的“需要层次”学说，这一学说对行为学及心理学等方

青岛城阳区正阳路的人行道

青岛市某街道的太阳能路灯

面的研究具有很大的影响。他认为人有生理、安全、交往、尊重及自我实现等需求，这种需求是有层次的。最下面的需求是最基本的，最上面的需求是最有个性的和最高级的，不同情况下，人的需求不同，这种需求是会发展变化的。当低层次的需求没有得到满足的时候，就不得不放弃高一层次的需求。根据马斯洛“需求层次”学说的理论，景观设计所应满足的层次也应该包括从低级到高级的层次过程，环境景观的参与者在不同阶段对环境场所有着不同的接收状态和需求。景观是研究人与自身、人与人、人与自然之间关系的艺术，以此，满足人的需要是设计的原动力。

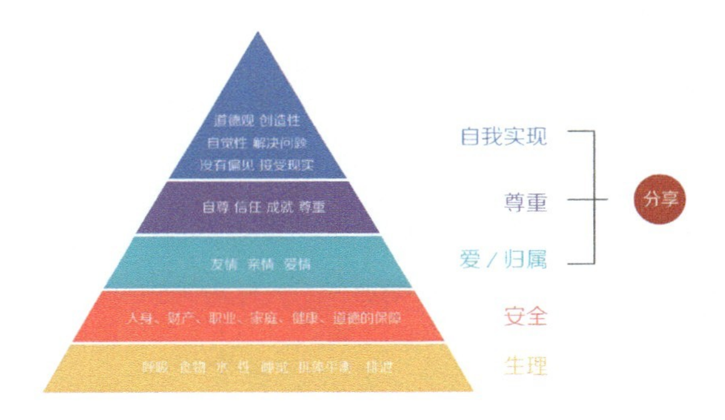

马斯洛的人类需要层次理论示意图

3. 城市道路的断面形式

城市道路断面分为纵断面和和横断面。沿着道路中心线的竖向剖面称为纵断面，能够反映道路的竖向线性；垂着道路中心线的剖面为横断面，能够反映路型和宽度特征。道路绿地的断面布置形式取决于道路横断面，道路横断面由机动车道、非机动车道、人行道和分隔带等组成。

（1）一块板的道路横断面

一块板（一板二带）的道路形式就是指路中央是车行道，在车行道两侧的人行道上种植一行或多行行道树。这样的道路，行人、机动车和非机动车混行，交通比较混杂。同时由于机动车、非机动车相互干扰，导致机动车的行车速度较慢，行人在步行过程中也存在一定的安全隐患。道路两旁种植的乔木种类比较单调，因此该种道路绿地形式常被用于车辆较少的街道或小城市。

（2）两块板的道路横断面

道路中央设置绿地带，道路被分成两块路面，形成了对面相向的车流，其路旁的绿地设计与上述一板二带式相似，因此就形成了二板三带式的道路绿地。该种方式的道路解决了相向而行的车辆的相互干扰，在一定程度上缓和了机动车行车慢的问题。但是机动车与非机动车仍是在同一车道，依然存在行车混乱的问题，因此机动车的行车速度依然受到影响。该种道路绿地形式适用于机动车较多，而非机动车较少的道路。

一块板的道路横断面示意图

两块板的道路横断面示意图

（3）三块板的道路横断面

通过两条绿地带将道路分成三块，中间为机动车的行驶道路，两侧为非机动车道路，这种形式的绿地能够解决机动车与非机动车行车杂乱的问题。但是由于相向而行的机动车间没有隔离带，因此相向而行的机动车容易造成干扰，机动车的行车速度受到限制，同时由于夜间行车的灯光过于炫目可能会引发交通事故。该种道路绿地形式适用于非机动车辆较多的道路。

（4）四块板的道路横断面

四块板式即在三板四带式的道路中加设一条绿地带，将中央的机动车道分成上下行，是二板和三板的综合，因此包含了这两种类型道路的长处——既能够避免相向的车辆所造成的干扰，而且能够保证车辆快速、安全地行驶，也能形成较好的绿化景观。但是这种道路交叉口的通行能力比较低，而且由于该种形式道路占地面积较大，因此可用绿地较为紧张的中小城市不宜采用，一般在机动车和非机动车较多的大城市中比较常见。

三块板的道路横断面示意图

四块板的道路横断面示意图

4. 城市道路铺装的要求

按照铺装材料的强度将地面的硬质铺装分为高级铺装、简易铺装和轻型铺装。

（1）高级铺装

高级铺装适用于交通量大且重型车辆通行的道路，高级铺装通常用于公路路面的铺装，而且公路路面铺装的材质多为沥青材质。

（2）简易铺装

简易铺装适用于交通量小、几乎无大型车辆通过的道路，此类路面通常用于市内道路的铺装。

（3）轻型铺装

此种铺装用于机动车交通量小的人行道、园路、广场等地面。此类铺装中除了沥青路面外还有砌块路面和花砖路面。

此外，铺装路面按照铺装材料的不同可以分为沥青路面、混凝土铺装、卵石嵌砌铺装、预制铺装、石材铺装和砖砌铺装等。

| 常熟尚湖风景区的环湖路

| 杭州虎跑风景区道路

| 沥青路面

| 卵石嵌砌铺装

| 石材铺装

| 砖砌铺装

苏州拙政园内的仙鹤

五蝠捧寿铺装

良好的道路铺装也能够给人们美的享受，能够展示所在城市与众不同的特色，如皇家园林里龙凤是较为常见的铺装图案，私家园林里常可看到的龟鹤图案用来象征长寿、财富；苏州拙政园里的万字海棠纹铺地，寓意“玉堂富贵”；蝙蝠纹象征“福”。因此，人们这些把图腾纹样当作赐福的祥瑞符号，是一种吉祥的象征。

5. 现场勘测与调研的实践方法

城市景观需要城市道路景观设计的贯穿始终，学习城市道路分类、断面形式及地面铺装要求，目的是为掌握现场勘测的实践技能提供理论支撑。通过对上海市昌平路道路园林景观设计项目的分析，不难看出，城市景观设计需要现场勘测与调研，方法如下。

（1）掌握自然条件、环境状况及历史沿革

① 甲方对设计任务的要求及历史状况。

② 城市景观总体规划与道路的关系。

③ 道路周围的环境关系、环境的特点、未来发展情况。如周围有无名胜古迹、人文资源等。

④ 道路周围城市景观。建筑形式、体量、色彩等与周围市政的交通联系，人流集散方向，周围居民的类型与社会结构。如属于厂矿区、文教区或商业区等的情况。

⑤ 该地段的能源情况。

⑥ 规划用地的水文、地质、地形、气象等方面的资料。

⑦ 植物状况。了解和掌握地区内原有的植物种类、生态、群落组成，还有树木的年龄，观赏特点等。

⑧ 对主要材料如苗木、山石、建材的来源与施工情况有所了解。

⑨ 甲方要求的景观设计标准及投资额度。

（2）图纸资料

除了上述要求具备城市总体规划图以外，还要求甲方提供如地形图，局部放大图，要保留使用的主要建筑物的平、立面图，现状树木分布位置图，地下管线图等。

（3）现场踏查

无论面积大小，设计项目的难易，设计者都必须认真到现场进行踏查。一方面，核对、补充所收集的图纸资料。如：现状的建筑、树木等情况，水文、地质、地形等自然条件。另一方面，设计者到现场，可以根据周围环境条件，进入艺术构思阶段。发现可利用、可借景的景物和不利或影响景观的物体，在设计过程中分别加以适当处理。现场踏查的同时配合速写或拍摄一定的环境现状照片，以供进行总体设计时参考。

（4）编制总体设计任务文件

设计者将所收集到的资料，经过分析、研究，定出总体设计原则和目标，编制出进行道路景观设计的要求和说明。主要包括以下内容。

① 道路在城市绿地系统中的关系。

② 道路所处地段的特征及四周环境。

③ 道路总体设计的艺术特色和风格要求。

④ 道路景观设计的投资框算。

准备阶段任务小结

城市道路景观设计是城市中的带状空间，景观表现具有动态性和连续性，作为实训环节，本阶段的主要技能是掌握城市场地景观环境现场勘测与调研的方法，能够对调研资料进行整理与汇总，去糟取精，为后期任务阶段提供信息与资源。

任务与实践

（1）实践任务

现场勘察+绘制地形地貌图。

对所在城市某主干道进行道路的实地踏查，并对某一路段进行实地测量，掌握现场实地踏查的方法与技巧，并对道路概况及总体设计进行分析总结。

（2）成果与提交

/ 以5～10人为一个小组，每组选定不同的道路进行实地踏查，自行制订计划完成。

/ 对选定道路的区位环境、道路级别和道路设施进行现场踏查。

/ 分工绘制局部的平面、立面、剖面图。

/ 各组完成道路景观现场踏查总结文本一份。

任务二 | 策划阶段

策划阶段任务 掌握城市道路景观设计的方法与原理，具备一定的分析能力。

目标与要求 通过调查与实践，能够分析并总结道路景观设计的优劣。

案例与分析 杭州上城区道路绿化景观调查结果分析。

城市景观设计不可能一蹴而就，设计过程繁杂但有序可循。以城市道路景观设计为项目载体，通过准备阶段的任务实训，掌握了场地勘测与调研的方法，其目的就是为本阶段任务做准备。策划阶段在整个城市景观设计中起到承前启后的作用，我们要充分利用准备阶段所收集和整理的成果资料，对其进行全面的分析，为后续设计阶段指明方向。如杭州上城区道路绿化景观调查，通过勘察与调研的数据收集与整理、勘察与调研成果分析，得出杭州上城区道路绿化景观设计优化建议，为指导设计提供参考依据。

1. 勘察与调研的数据收集与整理

在对杭州上城区调查的20条道路中，道路断面形式有一板两带式、二板三带式、三板四带式、四板五带式以及一些特殊形式。其中一板二带式最多，占50%，如劳动路、湖滨路、南山路等；二板三带式占5%，即望江路、之江路；三板四带式占15%，四板五带占40%，其他形式占15%。

2. 勘察与调研成果分析

上城区整体道路绿化景观质量水平较好，但仍然存在较多的问题，不同性质的道路绿地面积及绿化水平不平衡，政府对城市道路绿化的认识不足，重视不够，存在交通挤占绿地的现象。而且局部绿化、“见缝插绿”的方式较多，随意性大，难以顾全到整体。作为杭州的历史老区，上城区的道路景观没有突显它的历史特色及其他景观特色，除了紧挨西湖的道路，其他道路缺少景观绿化的提亮点，景观重复率高，需加以改善。在植物绿化方面绝大多数的道路绿化设计形式单调且过于封闭，主次干道千篇一律，绿化功能与社会需要响应度不够，没有特色，没有创新，缺乏生机与活力。在道路硬质景观方面，道路植物景观与硬质景观的和谐性较差，道路植物景观的建设与城市整体建设缺乏协调与统一，城市道路植物景观规划没能充分利用植物的大小、形状、色彩、质地或合理的植物配置来协调、美化各种硬质景观，而且城市道路建设的不科学和后期管理的不到位，致使道路的硬质景观破损严重，植物生长状况差。同时缺乏反映特定路段历史文化特色，沿街建筑的立体绿化不足，交通设施和街道小品缺乏特色和美好绿化不足，创意构思也不够，协调性不足。在环境卫生方面，存在问题较大，需加以重视。植物的养护、修建等美好绿化计划做得不足，致使有相当多的植物生长状况较差，另外基础设施破损较多，影响道路景观质量。

对上城区的20条道路的进行结果分析，以道路的不同断面形式作为分类依据，对每类的道路绿化景观质量结果分析。在每一类内，再按照道路的交通性质进行分组，然后将分在一组的道路绿化景观质量评估值综合起来，求每个评价因子的平均值，得出此种类型的道路的绿化景观质量评估值，再进行分析，从而更好地把握上城区的道路景观特点。

对杭州上城区道路绿化景观的质量情况的分析，得出道路景观所存在的不足。通过对上城区道路绿化景观的质量评价，分别从上述论述的几部分进行总结，对下一步进行景观的优化提升展开思路。

3. 杭州上城区道路绿化景观设计优化建议

现代城市道路绿化建设已经不再是以前那样简单地种树、栽花和植草皮的问题，它已经是城市绿地系统组织中不可或缺的一部分。在进行规划、设计和施工时除了传统的城市规划方法外，还必须综合考虑生态学、城市的历史文化、独特的自然环境等基本问题，还要兼顾统筹考虑道路的功能性质、景观的艺术性、道路环境条件与植物生长的要求、绿化建设的经济等因素。

（1）提高道路的植物景观质量

在城市道路绿化景观中，植物景观是最基本的元素，也是最能代表道路景观的元素。植物不仅有净化空气、保护环境的生态效益，还具有独特的文化内涵。因此，合理地选用植物品种和植物配置是对高质量的道路景观的要求。在道路绿化设计时，须充分考虑行车与行人的视觉特点、不同速度，将路线作为视觉线形设计的对象，提高视觉质量，体现以人为本的原则。在具体的设计中，应以不遮挡视线为标准，同时又能给人以赏心悦目之感。

① 丰富植物种类

针对上城区道路绿化的质量问题，从3方面对道路分车带进行优化。首先在植物品种的选择方面要做到常绿与落叶植物比例合理，以运用乡土树种为主，突出杭州的市花、市树的比例；还要增加彩色花灌木和草本花卉的选择，一般露地花卉以宿根花卉为主，与乔灌草巧妙搭配，达到四季有绿，三季有花。对道路分车带内植物种类单一的，在合适的空间适当地补植树种；对于人行道上行道树之间有足够空间的，放置组合式花箱美化道路。

② 丰富植物配置层次结构

对不同性质的道路要采取不同的道路绿地植物景观设计，要根据街道的性质、功能要求，因地制宜地进行布局和植物配置，植物的尺度与配置方式要与道路上的交通情况一致。在延安路、解放路等的商业街上，以步行者为主，道路绿地面积较小，需要采用放置花箱、花钵、花盆的方式增加道路绿量，改善道路景观。道路绿化还要体现生态性。生态性要求植物的多层次配置、乔灌花、乔灌草的结合，在交通性道路上需要增加植物种植密度，就要在植物绿地的景观层次上做足。上城区的道路绿地大多是高、低两层，缺乏中间一层的植物，因此需要适当地增加花灌木的种植，或是在绿篱上方放置特色鲜花种植槽及点缀石头。绿地内出现植物生长较差的情况时要尽快更换或改善表现差的植物，对植物生长不良的原因在分析研究的基础上，有针对性地采取不同的改善措施，以免影响街道绿化的整体景观效果和生态效益。对长势太差证明确实不能适应街道环境的行道树种应尽早更换，对于由于配置不合理而生长不良的植物也应尽早更换，对于病虫害严重的植物要尽早预防或者逐渐淘汰不用。

除此之外，还要从道路中间分车带的带头绿化突出杭州的历史文化特色，形成杭州的特色道路景观。在带头放置有杭州特色的雕塑小

庆春路	
现状照片	改造设计

现状说明：路侧绿带绿化简单，没有特色，种类单一，景观效果差，植物生长差，养护管理不到位	设计说明：1. 将原有生长不好的小乔木换掉，增加色叶植物；2. 沿人行道一侧种植时花花卉；3. 适当点缀几棵常绿球形灌木，增加植物种类

路侧绿带植物景观设计效果

解放路	
现状照片	改造设计

现状说明：位于交通繁忙的地段，植物景观没有层次，设施放置在绿地内，没有加以遮挡，植物种类单一，以常绿植物为主，没有季相变化	设计说明：1. 植物种类增加，增加开花小乔木和色叶植物。2. 增加时花花卉植物的种植面积。3. 适当放置石头加以点缀

街头绿地植物景观设计效果

| 街头绿地中的石灯

| 西湖大道分车带的带头景观图

品或是特色种植容器，并结合时花花卉种植，如在庆春路上分车带头放置的石灯笼；在带头部分做成花镜式植物种植，模拟自然，充满野趣，同时也不影响交通，如西湖大道上分车带的带头植物种植。

（2）提高道路的硬质景观质量

增加道路景观中的垂直绿化是增加道路绿量的一种重要形式。城市道路绿地的垂直绿化是指充分利用空间，采用攀援植物绿化道路两旁的护坡、立交桥、高架桥和城市广场、停车场内部休闲园林小品或周边的建筑外墙和实体围墙等。本文所要重点绿化的是立交桥、高架桥和周边的建筑外墙和实体围墙、栏杆、交通设施部分。

① 美化绿化两侧建筑。

对建筑物外墙壁或围墙、栏杆进行绿化装饰的绿化技术方法，内容形式都较简单，其特点主要是植物贴墙面生长或攀附于墙垣、栏杆，或从建筑物顶与围墙顶垂挂生长。此种垂直绿化形式是立面面积与投影面积比最大的一种，一般地面种植槽宽54cm左右，而墙面的高度却在几米至几十米之间。这也是一种最普通、最常见的绿化形式，见效快、效果好。在选择植物方面，应根据不同的墙面性质选择适当的植物种类。一般最常用的藤本为爬山虎，其次为五叶地锦、常春藤、络石、岩爬藤、薜荔等，爬山虎吸附能力最强。另外，还要通过确定所需覆盖的面积和所要攀爬的高度，来进一步选择不同类型的植物，对覆盖面积大、攀爬较高的墙面选用络石、蔷薇、油麻藤等大藤本，覆盖面积小而强调美观的场所则选用花色鲜艳、开花繁密、枝叶细腻的小藤本如金银花、牵牛花、茑萝、铁线莲等。

针对道路红线两侧的建筑，不同的建筑性质与建筑墙面及高度采用不同方式的垂直绿化。属于生活居住的楼房外侧面采用垂挂式绿化，一般将种植槽设置在墙面上或建筑山墙顶上或窗台下，栽植垂挂型的藤本或灌木，如藤本月季、牵牛、迎春、云南黄素馨、金钟花、扶芳藤、粉团蔷薇等。如果墙体较矮，可以栽植于内侧墙基下，枝条搭在围墙上或翻过围墙垂于墙外，这种垂挂形式植物多用藤本月季，蔷薇等。如果是临街的商业建筑，考虑到对外立面的美好，采用生态墙、窗阳台绿化以及结合建筑前的设施进行花盆式空中绿化等多种方法，但是要配有自动给水系统，保证植物的正

沿街建筑的橱窗绿化

沿街建筑的生态墙绿化

常生长。另外，还可以通过种植技术使乔灌木紧贴墙面生长，这种方法在上城区已经开始应用，取得一定的景观效果。

② 美化绿化交通设施。

增加道路绿量、美化道路还可以对道路上的交通设施进行绿化美化，包括自行车租赁点、市政设施、照明设施等。对市政设施采用防护栅栏或是采用垂直绿化的方式对配电箱进行植物包裹，或采用涂鸦的方式，在变电箱的外表皮上画上各种内容进行美化。对路灯、广告牌等设施结合悬挂式花盆绿化，花盆还可以固定在灯柱上，或是对其自身粉刷某种颜色。

雏菊自行车架

针对在自行车租赁点，在其周边可利用的空间内放置种植容器绿化，在存车顶棚挂花盆，在广告牌的左右两侧固定花盆。存放私人自行车的停车架做成可放置花盆的花架，种植藤蔓植物进行绿化，或是做成模仿某种事物的停车架。例如，来自设计师Yoann Henry Yvon设计的雏菊自行车架，黄色的花托作为自行车架基座，而白色的花瓣固定在花托之上，每片花瓣都是一个角度可调的自行车架，既促进环保，又美化环境。同时要对沿街的作为隔离作用的墙体和栏杆进行绿化，如果墙体或栏杆内侧绿化情况较好，就不再进行垂直绿化，只对墙体进行彩绘，做成文化墙，对栏杆涂成不同的颜色或是挂装饰小品；如果内侧绿化较差，在墙体或栏杆内侧种植攀爬植物，以枝叶细腻、开花艳丽的植物为主。对于分车带或是人行道上的栏杆，采用攀爬植物垂直绿化，或是在栏杆上做悬挂式花盆绿化。

③ 美化绿化过街天桥。

城市中的立交桥、过街天桥改善了城市交通环境，但是增加了生活在城市中的人的心理压抑和紧张感，因此，对立交桥、过街天桥的桥体、立柱进行绿化是改善城市硬质景观的必要方法。由于立交桥、高架桥地处城市中心，属交通繁忙地段，车辆多、烟尘多、有毒有害

延安路	
现状照片 	改造设计 
现状说明：停放在人行道上的自行车租赁点，占据空间大，可以绿化的空间多，却没有利用	设计说明：1. 钢架外侧放置花盆；2. 钢架上挂花盆；3. 说明牌下摆花箱

交通设施美化绿化设计效果

解放路	
现状照片 	改造设计 
现状说明：采用栏杆对人车分离，栏杆造型差，缺少特色，没有绿化	设计说明：在原来的基础上采用悬挂式花盆进行垂直绿化

栏杆的美化绿化

庆春路	
现状照片 	改造设计 
现状说明：对立交桥绿化的面积少，桥体两侧的栏杆和引桥都没有绿化	设计说明：1. 在桥体的栏杆上放置花箱与栏杆固定连接，放花箱在栏杆的外侧；2. 在引桥部分种植攀爬植物

过街天桥的立体绿化

气体多、立地条件差等不利于植物生长的因素很多。故立交桥、高架桥绿化应选用适应城市生态环境、生长迅速、健壮的植物。通过攀缘攀附作用来绿化桥体的或是种植在桥体两侧附设的小型种植槽内，这些植物要粗放管理，对土壤水分、肥料要求不高，具有较强的抵抗性和生命力，如爬山虎、五叶地锦、常春藤等。而高架桥、立交桥的立柱及桥体背阴侧，由于光线不足，在选择植物时还要考虑其耐阴性。在保证植物成活的基础上再考虑景观设计的问题，使桥体及立柱尽快绿起来的同时有一定的色相与季相变化，来突现立交桥的动态景观变化，使僵硬的水泥建筑体富有生机。具体的绿化布局形式有：桥面绿化、桥柱绿化、引桥绿化、桥栏杆绿化、桥阴绿化。立交桥的绿化形式包括在桥体两侧设置种植槽，种植槽加建在护栏外侧，在种植槽内栽植时花花卉；采用将花盆等容器与天桥栏杆连接，花盆在栏杆的外侧的方式；在主桥桥面摆放花盆；在立交桥、过街天桥的桥柱基部砌种植槽，内种植攀爬植物，如地锦、络石，或是在桥柱上固定种植槽，内种时花花卉；在引桥的墙面基部栽植攀爬植物或是种植修建后的竖向植物，如桂花、珊瑚树；结合桥栏杆的悬挂花盆栽种的悬垂植物对引桥的墙面进行绿化。在选择合适的植物种类的基础上，要绿化全面，同时与周围的道路绿化相结合，还要制订严密的养护管理计划，配备专业人员养护，始终保持立交桥、过街天桥的景观状态。

（3）提高道路的环境卫生质量

① 制订和完善道路的系统管理规划。

首先制订出城市道路绿化管理规划，其中需要有决策层、管理层和建设者诸多方面的参与协调，需要市民的支持爱护。决策者要从城市实际出发，更新观念，改革体制；各管理部门要从大局出发，统一规划，相互协调；园林绿化部门要切实做好规划设计和施工管理工作，在科学合理设计的基础上，提高养护管理水平。再次要保证每条道路都有全年的绿化、美化计划，保证管理制度健全、经费落实、有专业人员管理并保证严格按方案实施，做到规划先前，实施紧跟其后。只要严格按规划实施，就能保证街道绿化景观的稳定性和整体性，尽管街道绿化的形式较为简单，也会形成良好的城市绿化总体景观效果。

上城区道路环境条件较差，其日常的养护管理也十分粗放，对植物的生长发育产生了十分不利的影响，导致观赏价值降低，植物寿命缩短。因此要有计划地引进园林技术人才，提高技术管理水平，定期对管理人员进行技术培训，并时时进行技术交流，从整体上提高管理人员的业务素质与水平，提高树木的养护管理水平，保持道路绿化景观的长期稳定，持续高效发挥道路绿化综合效益。

除此之外，还要对道路上的基础设施、小品设施及硬质景观进行合理的维护和管理。上城区的环境卫生质量一般，有个别道路情况较差，树池破损严重、自行车乱放、栏杆生锈、人行道铺装松动，因此，针对上述情况，在制订植物养护管理计划的同时，要对道路上的设施进行合理的管理，做到定期检查，接受群众反映意见，及时更换，保持整体道路上的设施更好地服务景观，更好地服务大众。

② 加强植物养护和更换表现差的植物。

对植物要定期进行修剪，提高道路园艺水平，保持植物的最佳修剪形式，使道路形成整齐统一的景观效果；对易有病虫害的植物要定期喷洒农药，以便更好地杜绝病虫害的威胁；尤其要重点养护被行人践踏、设施挤占植物生长空间造成的泥土裸露的地块；针对道路上的时花花卉的种植，要有合理的全年换花计划及每次换花的合理的始花期的覆盖率，保证种植时花花卉的地块不被闲置，增加道路空间的利用率。同时，定期进行灌溉和喷水，保证足够的水分，并且定期喷水清洗枝叶上的粉尘。对道路上表现差的植物进行更换，并且要进一步对植物生长不良的原因进行分析研究，无论是选择的植物品种的问题还是管理不善引起的，有针对性地改善，以免影响道路绿化的整体景观效果和生态效益。对长势太差证明确实不能适应街道环境的行道树树种应尽早更换；对由于街道管理人员管理不善而致使植物生长差的要重新制订更加合理的管理规划；对于由于配置不合理而生长不良的植物也应尽早更换；病虫害严重的植物要尽早预防或者逐渐淘汰不用。

（4）加强道路的景观特色

道路是城市环境的骨架，也是城市活力的所在，简·雅各布说：“当我们想到城市时，首先出现在脑海的是街道和广场。街道有生气，城市也有生气；街道沉闷，城市也沉闷。”因此，城市街道的景观很大程度上决定了城市的景观，街道景观有特色，城市景观也有特色。如旧金山的罗姆巴德大街在经过俄罗斯山时，有一段40°的陡坡，形成了有9个急弯组成的蛇形曲线路段，当初建造是为了缓解繁忙的交通，现在已是最吸引人的一条街了。配合着弯曲的道路形状，沿着路的两侧，布置了树篱和花坛，春天的绣球、夏天的玫瑰和秋天的菊花，远远望去，整个道路被鲜花和绿丛所充满，所以这段路被人们习惯地称为“花街”。这种变化使该段路与其他路段之间产生了一种戏剧性的对比效果，整个路段从下往上望去犹如一个意大利式的台地园，所形成的曲线随着道路有韵律地上升，沿道路两侧垂直等高线方向布置了阶梯式人行道，人行道旁种植着低矮的经过修剪的小树冠行道树。花街的这种独特景观使其成为旧金山一条有吸引力的标志性街道。

① 借用植物突出特色。

在上城区建设一条有特色化的道路，可以从很多方面入手，例如，在行道树上统一挂鸟箱，既有艺术特色又保护鸟类；对道路上的基础设施统一彩绘或是用植物装饰；还可以在整条道路放置样式大致相同又材料各异的花箱，即提高了道路绿量，又增加了道路的特色。又如，在某种植物种类的统一选择上，四川成都打造的23条特色花样街道，当时已建好的12条街道共栽植乔木692株，花灌木29 799株，灌木7 644m^2。其中特色街道表现在：春花特色街、夏景特色街、秋叶特色街、花箱特色街、五彩地被特色街、修剪整形特色街、竹类特色街、热带植物特色街、香花植物特色街、药用植物特色街、月季特

<table>
<tr><th colspan="2">平海路</th></tr>
<tr><td>现状照片

现状说明：宽度为1.5m的中间分车带的开头部分养护管理差，没有合适的换花计划，泥土裸露，植物生长状况差</td><td>改造设计

设计说明：1. 在原来泥土裸露的地方种植时花花卉；2. 种植攀爬植物对灯柱进行垂直绿化；3. 沿栏杆内侧种植藤蔓植物，对栏杆进行垂直绿化</td></tr>
</table>

道路较差植物景观改进设计效果

自行车架植物绿化

<table>
<tr><th colspan="2">惠民路</th></tr>
<tr><td>现状照片

现状说明：行道树之间没有绿化，只有鹅卵石做的树池，没有特色，而且可绿化的空间多</td><td>改造设计

改造设计：行道树之间放置花箱，性质、材质、植物一样，即美化环境又增加道路特色，打造花箱一条街</td></tr>
</table>

道路花箱特色街设计效果

色街、立体花箱特色街。这些特色街道分别通过选用不同的植物品种塑造不同形式的景观，达到一路一景的效果。

② 运用历史文化突出特色。

除此之外，还可以从杭州的历史文化出发（包括道路两侧的特色建筑、道路上的历史古迹），依此为设计出发点，建设特色道路。解放路是杭州的历史街道，名字由来是解放军从这里打进解放杭州，而它本身在以前就是商业中心，道路两侧有很多被保留下来的历史建筑，至今仍在使用。因此，以它为例来建设特色道路。首先对解放路的主题特色定位是历史老商业街，建设内容以突出解放路上的历史商业店铺为特色，从5个方面来表现。首先，明确解放路上的历史建筑的类别及位置，在不破坏建筑原来风貌的基础上加以整治和保护；其次，将解放路上所有的历史建筑依据某一个主题串联起来，成为一个整体，使之相互连接，成为解放路上的旅游景点；再次，根据每个建筑的特色及其历史文化，进行重点美化建设；最后对分车带和建筑前的路侧绿带内植物生长不好、有杂草的情况要加强管理，同时在两棵行道树之间补植开花小乔木。另外，还要对花箱有破损的箱体加以修护或是更换，选择的花卉植物要开花艳丽、花期长，保证箱内的花卉植物生长健壮，换花及时。

从道路景观的构成要素中分析可知，道路景观由多种元素形成，重点突出其中一种就可以形成有特色的道路景观，如道路路面的铺装、道路上的交通设施、街头小品、道路周围的自然风景等元素。在这个基础上，还要配合合理的道路养护计划及突出的植物景观。

通过上述对杭州上城区道路绿化景观调查分析可以看出，设计城市道路景观，必须掌握城市道路设计的相关概念及方法，为设计分析能力及方法能力的培养提供技能储备。

知识与技能

1. 城市道路设计的相关概念

（1）城市道路景观

城市道路景观是指城市道路中被人们感知的空间和实体等客体要素，以及它们相互之间的关系。更广的意义上，城市道路景观不仅包括“景”的客观结果，还包括“观”的主观社会生活过程，是道路空间、空间要素以及空间中人的活动共同组成的复杂综合体，是在城市道路中由地形、植物、建筑物、构筑物、绿化小品等组成的各种物理形态。

（2）城市道路绿地景观

城市道路绿地范围内的乔木、灌木、花草、地被等绿化植物和绿地范围内的喷泉、座椅花坛、亭廊等小品组成的以视觉为主的景观，兼顾游憩功能。

（3）绿化种植设计

绿化种植设计就是根据园林总体布局的要求，按照最大限度满足植物生态习性、兼顾园林美学特征的总体原则，所进行的园林植物种植相关方案的一系列设计。

2. 城市道路设计的方法要点

在遵循以人为本、尊重历史、保持整体性、维持连续性及实现可持续发展等基本原则下，城市道路景观设计主要从道路形式、建筑形式、道路设施、场地铺装、景观小品和绿化等几个方面进行景观设计。城市道路设计的方法要点如下。

（1）用地要求

良好的道路设计应紧密结合城市用地和功能区，根据用地性质和功能区的要求提供不同的交通服务模式。

（2）空间要求

城市道路空间应充分考虑地面、地下以及

高架立体空间的综合使用，以为道路使用者提供综合服务为立足点和出发点，除承担传统意义上的交通功能，还应承担生活功能、管线载体功能及景观功能，统筹考虑整个空间范围内道路所承载的功能，合理布置各种设施依据空间功能，将道路空间划分为步行、自行车及公共设施空间、公共交通空间、机动车空间、道路其他空间，实现空间划分与系统功能的紧密结合。

（3）路权分配要求

城市道路设计应从以机动车交通为中心向综合考虑行人、公共交通、自行车、机动车等多种交通方式转变，应根据道路等级及服务对象优先权的不同，合理分配各种交通设施的路权资源，保障各种交通参与主体的安全，体现路权资源分配公平、公正、合理。

（4）交通设计要求

交通设计不同于交通工程设计，必须充分体现交通功能，交通功能作为城市道路最基本的功能应在道路设计中予以重视。传统的道路设计过于强调单个设施的功能而缺乏对各个系统的详细量化分析，致使道路方案设计重点不突出。交通设计通过量化分析各交通系统设施的供应能力，提出合理的交通组织设计方案，为后续道路工程方案设计提供依据。

（5）风貌控制要求

城市道路设计中应加强景观设计与城市设计的衔接，充分结合城市自身特点，根据规划提出的远期控制目标和近期实施指导性要求，针对空间组合、景观风貌、建筑特色、道路宽度甚至断面布局等进行综合设计。通过对道路路面结构、主题色彩、照明、绿化、小品等设计，使道路与建筑物间组成的空间轮廓、尺寸比例、色彩、线条等相互协调、和谐美观，达到提升城市整体环境水平的目的。

（6）精细化和人性化要求

城市道路设计应充分考虑城市公共空间的主体——人，设施设计要体现对人的关怀，如无障碍设施、行人二次过街、交通稳静化设计等要求，集功能与环境景观于一体，关注人在其中的生理需求和心理感受，使人们获得舒适、方便、自然、和谐且美好的感受；同时注重细部构造物设计，如修建挡土墙、台阶、树池等，体现精细化设计的要求。

3. 城市道路设计的问题与现状

目前，我国的道路建设已进入大发展的时期，城市道路景观也发生日新月异的变化，一定程度上满足了人们的日常需要，但相对于国外发达国家，至今没有形成一套较为系统完善的理论体系，同时在景观品质、设计理念等方面也依然存在着诸多问题。

（1）两个脱节

① 相关规划与方案设计之间的脱节。

目前国内的许多设计都遵行这样一个流程——规划、建筑、道路、景观。道路景观往往在道路市政工程结束以后开始建设甚至才开始规划。这种道路景观设计滞后与其他相关规划和设计的做法，使得道路的景观设计和道路的本体之间相互脱节，导致了景观设计的先天性不足，是制约我国道路建设水平和景观品质的根本原因。

② 方案设计与现状分析之间的脱节。

虽然前期的现状分析是设计中必不可少的阶段，但往往容易停留于表面，分析不深入、不彻底，而方案阶段又常常忽略现状孤立地思考，从而使现状分析与具体方案形成“两层皮”。两者的相互脱离，导致道路景观设计“无土扎根”，犹如纸上谈兵。

（2）三个缺乏

① 缺整体。

道路的景观设计应该是一个统筹考量、整体推进的过程。而多数的道路景观设计往往着眼于单体道路，忽略了周边环境及其在整个道路规划体系中的位置和作用。这种缺少了整体把控和全局意识的道路设计，犹如盲人摸象，最终导致设计思想模糊、设计风格无序、景观效果杂乱。

② 缺品质。

许多地方规划者，为了建设政绩工程和面子工程，急功近利地绿化道路和修建广场，盲目求大、求宽、求洋，机械地复制各种外来景观。这种追求假、大、空的道路景观设计，丧失了了景观建设的基本目标，毫无景观的品质可言。

③ 缺个性。

缺乏具体分析以及设计元素的盲目照搬照抄，使得大多数的道路景观设计千篇一律、缺乏个性，设计与本地城市文化底蕴和空间形态不甚协调，道路景观丧失了它赖以生存的特色和魅力。这种"千街一面"的"特色"危机反映出目前城市地域文化的衰落。

（3）三个误区

① 重绿化、轻设施。

片面强调绿化，把道路景观设计单一地理解为道路绿化设计。导致道路附属设施不够健全，缺乏如交通标志、人行天桥、道路地下通道、行人公厕、道路路名及路向标牌、城市交通地图展示牌、果壳箱、公话亭、特殊人群无障碍通道等能使道路更好地为人们提供服务的设施。

② 重平面、轻空间。

许多的设计者缺乏空间意识，景观设计往往局限和停留在平面形式上，设计人员常常为了追求视觉审美而过分强调构图与形式，从而导致道路景观设计平面构图华美，实际空间效果空洞单薄、缺乏层次。

③ 重形式、轻生态。

为了追求连续而震撼的景观效果，绿化景观设计中通常更注重大面积、形式化的绿化布置。如大密度和大规格植物材料的运用。这种追求"整体效果"和"短期效应"的设计方法，不仅会导致苗木营养不足，影响长期景观效果，还会增加绿化养护成本、费时费力，事倍而功半。

策划阶段任务小结

本阶段的主要任务是能够对道路景观进行合理有效的分析，而分析的前提是对城市道路景观的整体性认知——那就是在城市道路景观设计中，道路使用者在不同种类道路上的行为模式、活动方式，会产生不同行进速度和对道路景观的不同感受，所以策划阶段就是在掌握对城市道路景观设计原则、设计方法研究的基础上，能够分析城市道路景观设计的优劣，并进行设计构想，为城市道路景观设计拉开序幕。

任务与实践

（1）实践任务：选择考察所在城市中道路，通过对本组城市某道路的现状踏查，收集城市道路相关资料，分析总结各条道路景观设计的优与劣，并能够提出自己的见解。

（2）成果与提交。

- 以小组为单位进行资料的分析与探讨。
- 每人完成一份对城市道路景观设计的分析报告。

任务三 | 设计阶段

设计阶段任务 掌握城市道路景观设计的初期——总体设计。

目标与要求 通过对项目的熟悉与了解，能够熟练运用城市道路景观要素进行城市道路景观设计。

案例与分析 上海浦东世纪大道景观设计。

1. 路面概况

世纪大道西起东方明珠电视塔，东至世纪公园，全长5km，是中国第一条景观道路。世纪大道总宽度为100m。

2. 道路设计断面形式

设计采取非对称性断面形式，含31m双向六快二慢的主机动车道和两侧各6m宽的机动车辅道，主道和辅道间设有绿化隔离带。

大道的最大特点是道路断面的非对称设计。浦东世纪大道的道路中性线不在路中央，而是向南偏移10m，这一设计使得东方路、张杨路两路的中心线得以在世纪大道交会，南移后北侧特别宽的人行道辟出8块长180m、宽20m的空地，成为国华植物园的所在地。

3. 道路设计景观内容

从世纪大道的设计来看，它较好地解决了人、交通、建筑三位一体的综合关系。在大道北侧人行道上布置了8处游憩园，在崂山路西和扬高路路口设置了两处雕塑广场以及休闲小品、艺术画廊等。世纪大道如今成为上海一道不可多得的景观。景观设施包括雕塑、路灯、护拦、长椅、遮蔽棚等，以充满现代感的风格精心设计。

全线9个交叉路口设计成简洁的几何形状，各具形态，配以沿途不同品种、风格、色彩的雕塑作品、植物花卉，这样以9大路口为分界点，形成了特色鲜明而又不失整体风格的10段景观。

由上海浦东世纪大道的设计可以看出，道路景观设计是城市景观空间序列化设计的载体，是城市景观展示的动态画面，下面基于对项目一广场景观空间的设计要素认知，以城市带状空间为场所进入城市道路景观设计阶段的任务。

知识与技能

1. 绿化与城市道路景观设计

道路园林景观是城市的“窗口”，一些主要的交通线都会成为关键的意象特征，随着城市化进程，植物在生态、城市意象构成等方面的重要性日益凸显，园林植物成为城市道路景观的构成要素，如联邦大道（美）就是以树木繁茂的植物景观著称。

植物景观不但有美化城市的作用，还能通过不同的栽植形式与造景手法，组织调配道路园林空间序列，影响空间感受。通过在规划上确保城市道路园林用地的同时，结合道路交通与周边环境，选择适宜的植物种类，运用合理的配植方式与造景手法，提升道路绿化覆盖率，以植物造景为组织空间的主要手段，提倡以植物为主的城市道路园林景观设计理念，是提升城市道路园林建设综合质量的关键。

四通八达的城市道路占城市总面积的相当比重，随道路扩展引发的空气、噪声污染等已成为城市公害。欧美一些发达国家，主要以大量的开放式公园、公共绿地，起着改善城市生态、调节城区气候的作用。

而在我国，如上海，由于历史原因，在城市发展过程中没有保留足够的绿地，人口密度高，空间开敞性差，只有结合城市道路，如上述案例分析的上海浦东世纪大道的设计，综合运用植物造景手法，通过建设以植物为主的道路园林景观，调配道路空间感，增加城市绿量，改善城市生态及人居环境。

此外，道路景观亦是城市景观系统不可或缺的组成部分，是城市人工生态系统与其外围自然生态系统间物质循环与能量流动的主要“交通廊道”，如条条绿色项链，形成无数个绿色屏障，围护着整个城市。

2. 城市道路景观设计的基本原则

城市道路景观设计是一个“形散而神不散”的过程，确定其基本的设计原则具有十分重要的指导意义。

（1）保证城市道路的功能完整

现代城市道路的作用是综合性的，除实现交通、防灾、布置基础设施、界定区域等功能之外，还需要满足市民作为公共活动空间进行交往、游赏、娱乐、散步、休憩等功能。因此，道路景观设计应将道路绿化配置、步行空间、道路节点及景观雕塑等设计纳入其内统一考虑。

（2）将道路与空间环境相融合

只有将道路与景观空间关联起来进行统筹规划设计，才能创造出整体而有机的城市道路景观，如道路的方向性与对景处理的关系、道路边界封闭程度与借景可能性的关系等。

（3）突出城市道路的个性化

道路绿地的景观是城市道路绿地的重要功能之一。城市主次干道绿地景观设计要求各有特色，各具风格，许多城市希望做到“一路一树”“一路一花”“一路一景”“一路一特色”等。在城市道路景观规划设计中呼吁个性塑造、呼吁文化复兴已迫在眉睫。

（4）生态造景原则：生态是物种与物种之间的协调关系，是造景的关键所在。要求植物多层次配置，创造科学合理的植物群落的整体美。同时突出乡土树种，并表现植物季相变化的生态规律。生态造景可改善道路及其附近的地域小气候生态条件，降温遮阳、防尘减噪、防风防火、防灾防震，也是道路绿地特有的生态防护功能。

（5）人性化原则：“人性化”的城市道路景观设计通过改善车辆性能、提高道路平整度和道路绿化系统的生态效益，来减缓机动车交通给人的生理健康带来的环境污染，并体现“以人为本”，关爱人的心理健康。

（6）本土化原则：本土特色是城市景观设计的核心。以城市总体规划中确定的道路格局为基础，道路绿地树种选择要适合当地条件。

（7）可持续发展原则：可持续发展是人类21世纪的主题。道路绿地建设应将近期和远期效果相结合。在保留现有的植被群落的同时，留下充分的发展空间。

3. 城市道路铺装设计要点

对空间的利用中直接接触最多的就是底界面，一般我们认为的底界面主要指路面铺装。道路铺装具有双重功能：交通功能与环境艺术功能。交通功能包括可辨认性、界定性、方向性、警示性、诱导性和限速性；环境艺术功能包括创造宜人、舒适的空间和美化城市环境等，并且起到一定的装饰作用。

（1）铺装的交通功能

道路铺装是为了满足路面结构性能和适用性能，保证车辆行人安全通行。在材质选用上坚实、耐用，不宜磨损，表面防滑、容易清洁和排水良好。道路铺装具有传递信息的图示功能，引导人车通行的安全性。可辨认性是道路安全的重要内容，铺装景观通过材质和色彩的

美国芝加哥街廊空间

变化合理划分功能区域，利用铺装中的色彩、材质、图案、高差等手段区分车行道、人行道以及公交专用道的位置。

方向性和诱导性是道路铺装的表现形式之一，通过连续的分割和序列变化形成韵律和节奏感，诱导行人车辆前行。为了有效减少交通事故和降低车速，在铺装上会通过材质的色彩和质地的变化限制车速，保证通行安全。如西安通易坊仿古一条街，机动车道每隔一段就会用表面粗糙的小料石拼贴出减速带，既起到减速的目的，同时也美化了道路环境。

新加坡城市街道绿化

游览的速度和特性受铺装路面宽窄的影响

（2）铺装的环境艺术功能

城市道路铺装除具有交通职能外，还为人们提供了公共活动的场所。铺装景观为城市生活提供舒适优雅的公共空间，便于人们交流、欣赏街景，同时也提高了道路空间的品质。

铺装还能使不同区域的空间具有联系性。合理的铺装设计能将周围景观与建筑形体巧妙融合为一体，使空间具有完整统一性。

良好的铺装环境能吸引人的停留

不同的铺装形式划分出不同使用功能

嵌草砖铺砌的停车场

道路铺装中的不同材质

公共空间的铺装应该结合地域特征，这样才能营造地域鲜明的场地个性。个性独特的铺装能有效烘托和营造适宜人的环境气氛，创造出赏心悦目的景观效果。荷兰景观设计师高伊策在设计荷兰东斯尔德围堰旁人工沙地时，由于一条公路穿行于围堰之上，因此在设计上充分考虑了人在汽车上高速行驶时的景观感受，并增强地区的生态效应，利用当地渔业废弃的深色和白色的贝壳相间，铺成3cm厚的色彩反差强烈的几何图案，图案与大海的曲线形成对比。

（3）低速路、中速路、高速路铺装设计要点

根据道路使用者在不同种类道路上的行为模式、活动方式的不同，产生不同行进速度，形成了路面铺装差异。

在低速道路铺装设计中，道路的使用主体是以步行和自行车等为主，人们与地面有直接的接触，关注度也最高。因此，设计中应该注意形式的变化、色彩的搭配以及材质的选用，因地制宜，结合地域文化，赋予人行道文化特色。

中速道路的铺装主要考虑交通的通畅和识别性，因此，简明的铺装形式利于通行的安全和可达性，铺装形式和色彩可以有效划分出机动车道和非机动车道的功能。

由于在高速路行驶速度很快，对于道路铺装的要求是简洁、易读，铺装形式明确，具有方向性和识别性，形式上以符号和色彩鲜明的提示物为标志，如限速符号和减速带。

赛兰德贝壳

绿化界面的围合空间

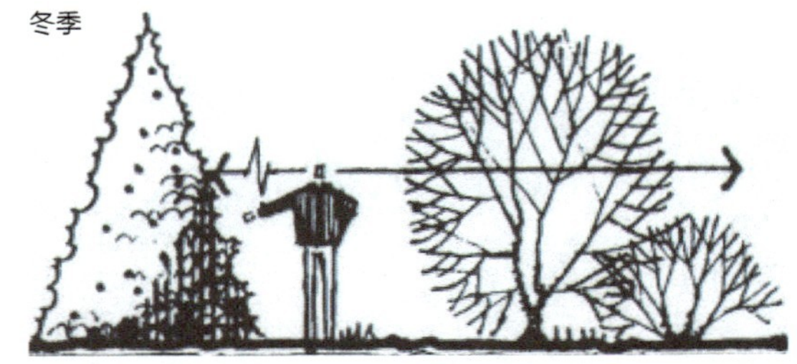

植物的围合限定作用

4. 道路绿化种植设计要点

城市道路绿化作为道路中最具活力的要素之一，绿化的合理搭配不仅美化了城市道路，引导车辆和人前行，给观察者以赏心悦目的感觉，保证了街道绿化景观空间的层次性和丰富性，而且也提升了城市道路的空间品质。

城市系统是非线性的，人对形式美的感知是有序和无序的稳定组合。自然界的景观容易产生亲近和愉悦感，而过于几何化的景观形式会显得呆板使人疲劳。因此，道路绿化应效法自然的系统观，重视景观整合性和时空连续性。

从生态上来看，绿地可以带来休息和安静的气氛，街道上也需要适当的遮阳效果，尤其在炎热的夏季。以往的城市绿化都是沿街等间距栽植基调树种和骨干树种，这样的结果往往是很单调乏味。我们可以突破这一做法，视具体情况栽植数行行道树，并减小间距，使之成密林状。对于曲折蜿蜒的街道，可以根据道路形态，栽植双行行道树，在乔木下配置小灌木和时令花卉，这样的处理结果使行道树随同道路形态产生动感，形成排斥的、难以接近内部的空间（即消极空间）。但从围合的内侧空间看，却能创造出一种把人拥抱在里面的温暖、完整的城市空间。这种“阴角”空间实际在领域上包围了道路，将行人包含于内侧之中，容易静态地观察道路上发生的一切。

道路景观的设计还应同街头广场、开放空间结合，与道路周围景观形态协调一致，形成层次丰富、适宜人们活动和观察场景的场所，取得道路景观的和谐美感，形成道路景观的整体美，这样的景观会使人对空间有深刻的整体印象。

（1）低速体验下的道路绿化种植

低速运动作为常态化的交通方式，是人们最轻松、最易感受外界环境的知觉体验，往往是视觉、听觉、嗅觉、触觉等多种感官体验伴随运动同步进行。因此，在种植设计上不仅要注意植物的绿化功能，还要体现人本思想。

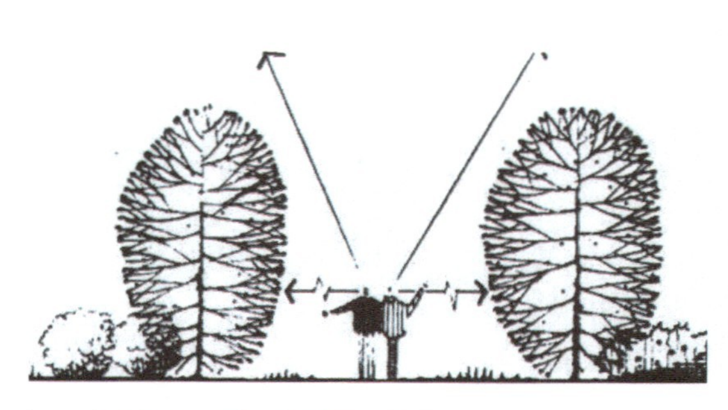

封闭垂直面、开敞顶平面的垂直空间

纽约中央公园

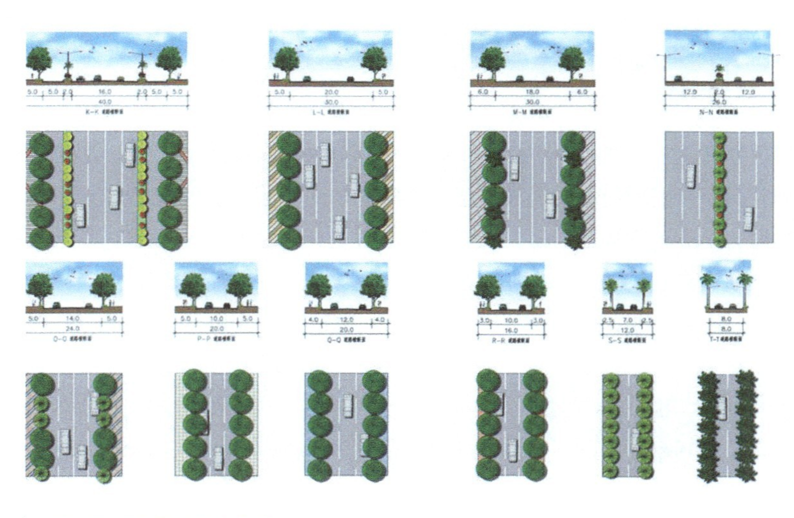

| 机动车与非机动车分割带

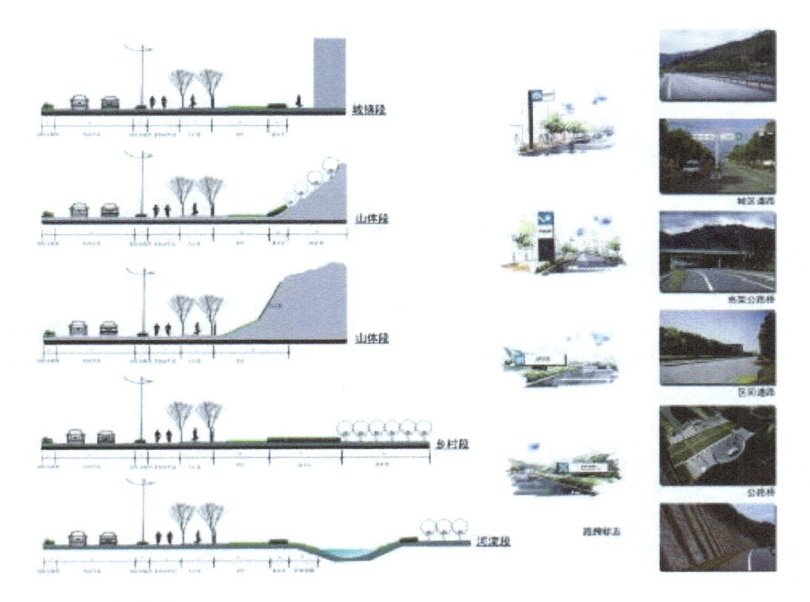

| 道路空间断面组合形式

植物具有限定和围合空间的作用，软质界面的围合使得道路具有明显的线性特质。它同建筑一样，可以围合空间、限定空间，并起到引导、控制人流和车流的作用，植物的围合作用具有通透性，形成的空间形态比较模糊。城市道路绿化需要结合地区差异、气候条件与交通特性加以考虑。如炎热天气绿化的遮阳效果，南方以常绿树种为主，而在北方冬季则要考虑良好的采光，就需要高大的落叶乔木做行道树。

在步行道上，人们在放慢速度观赏道路街景时，要求景观的小尺度与精心的细部设计，注重“形”的刻画预处理。具体到绿化植被就是要强调植物的品种和造型。植物栽植一般有规则式和自然群落式两种。对于低速观景，两者皆可采用。规则式有对植、列植、篱植；而对于自然群落式种植则是模仿自然生境，体现自然生态性，常用的手法有孤植、点植、丛植、片植和群植。

在植物的造型上，根据具体的道路情况，其营造的视觉效果有垂直向上型、水平展开性、特殊性。其次，要考虑植物的色相变化，如观花、观叶等。这一类种植应结合道路小品设施，便于行人识别和临时休息。

（2）中速体验下的道路绿化种植设计

由于交通方式的改变，传统的景观形式同车行环境下的道路景观不协调，需要充分考虑人的视觉感知的变化。因此，在道路绿化的尺度、方式上要与速度变化相适应。由于运动速度的增加，观察细节和处理有意义的信息的可能性就大大降低。人们关注的只是树的形体和色相，至于细节则忽略不计。在种植上，树的间距拉大，一般控制在5～10m，树之间以灌木种植为主，并且具有良好的观叶或观花效果、同时，考虑地域特征、气候、道路类型，将绿化作为道路环境整体的一部分来考虑，如南方城市的遮阳效果。但是还应视具体情况而定，如道路两侧以商业为主，就应考虑减少绿化面积，预留一些开敞空间，以便人的活动需求；其次，在交通性道路转折、交叉处应该减少种植，不能影响驾驶人员观察相向而来的人车交通情况。道路绿化种植还应考虑不要遮挡路边建筑的店招门牌，使行驶中的人不易发现目标。

道路绿化随着车速的增加，呈现点、线、面相结合的道路景观序列，道路与两侧的建筑形成的线性空间强化了空间的引导性和连续性。道路中有序的种植安排和组织景观序列，成为体现道路景观特色的重要表现要素。中速道路设计中，需要考虑绿化隔离带，一般绿化隔离带选用耐修剪的常绿小灌木，高度控制在1.5m以下，保证车辆通行的安全性和通畅性。

（3）高速体验下的道路绿化种植设计

高速运动呈现的空间连续性更强，车辆速度过高，景物瞬间闪过，眼睛的反应时差跟不上景物的运动，会产生眩晕感。对于这种现象，一方面可以通过降低车速以观察景物；另一方面，可以通过增大行道树的间距，防止产生眩晕感。行道树的间距控制在10～20m，选用高大、形态优美的常绿或落叶乔木，不易遮挡行车视线，常用的树种有常绿树种桧柏、雪松、云杉等，落叶乔木主要有水杉、复叶栾树、火炬树等。

在种植上以片植和群植为主，选用色叶类植物，分段设置，使驾驶人员不易产生审美疲劳。另外，在绿化隔离带灌木的高度上控制小于2m，符合人们的审美特征。在下坡路段，缩短种植间距，起到暗示和引导作用。

色叶小灌木与背景小乔形成的色彩变化

中景的桧柏与背景红叶李的组合形式

高速体验下的道路种植

5. 城市道路设施设计要点

城市家具不仅作为道路的附属设施具有使用功能，而且还起到点缀美化城市环境，创造个性化的城市环境。城市家具包括人车分离设施、交通指示设施、道路照明、公共服务设施及其他。城市家具的设置本着有序、整洁为原则，避免造成通行不便和景观混乱的局面，以创造舒适的道路环境为宗旨。

（1）交通设施

① 人车分离设施。

人车分离设施直接影响到人车的通行安全，根据道路的断面一般采用高差处理法、护栏、隔离墩等分隔手法使不同交通各行其道。

高差法是将车行通道与人行道分离，人行道比机动车道高出一定距离，同时在铺装上有所区别，这样就明确了各自的通行空间，避免了人车抢道的局面。

当人行道和机动车道无法用高差处理时，就需要考虑辅助设施了。在附属设施中，路墩和护栏就是一种有效的隔离手段。路墩具有开放性，非机动车可以穿行，而护栏就相对不太自由了。

护栏限定了通行范围，保证了舒畅的通行环境，护栏的设计不能仅仅把它当成隔离手段，应该赋予人性化，在高度、材质、色彩上都考虑人的行为感受，如扶手状护栏为行人考虑更加周到，可以倚靠、驻足观赏。处于对行走便利的考虑，护栏应尽量靠近机动车道一侧放置，给人行道足够空间。

隔离墩主要是限制机动车闯入人行道，而当机动车道没有车辆通行时行人则可以自由穿越，并且隔离墩之间形成行人通行的短暂安全带。为了显得自然大方，在色彩选用上尽量选用材料的原色，并且与地面及街道整体氛围相协调。

② 指示设施。

交通标识牌在道路上起到提示和引导作用。由于道路中各种视觉信息量大，在设计中就要考虑如何突出主要信息。

指示牌的设计主要是使人能容易辨认。在设计中视道路空间而定，采取集约化、组合入其他设施中或利用沿道建筑物等措施，通过共用、兼用等手段达到整合统一，在色彩上最好使用低亮度、低色彩度的色调。

交通标识应设置于各种场地出入口、道路交叉口、分支点及需要说明的场所，与所在位置尺寸、形状、色彩相协调，并与所在位置的重要性相一致。

③ 交通环境下照明设施。

处于交通安全的考虑，机动车道的照明应

连续的隔离墩

道路隔离护栏

| 交通标识

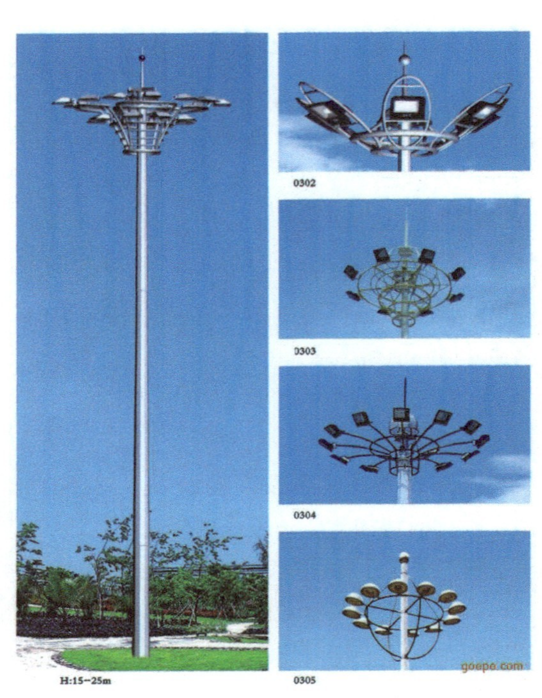

| 高杆灯

尽量均匀照射到路面上，但人行道不需要均匀布光。根据不同的道路情况，采用低位照明，能给街道夜景带来更多的变化和秩序感，而高位照明能照射到更广阔的街道范围。

根据不同的照明需求，照明的照度也有所不同，烘托出的氛围也存在差异。商业集中区域就需要高亮度的街灯、泛光灯，大量的霓虹灯、广告牌匾灯以及橱窗照明，这样才能烘托出商业的绚烂多姿和热闹气氛。高强度立杆高度一般大于10m，用于人行步道的照明灯的立杆则采用3.6m。

除了本身照明功能外，照明设施的装饰作用也不容忽视。支柱形态要具有整体性，要与沿街建筑物的造型以及道路上其他设施风格形成统一协调，尤其基部与铺装设计要基于一体化考虑，支柱在垂直空间上形成的序列感越发明显，在夜间才能构成一道靓丽的风景线。

夜景照明受到人们越来越多的重视，一方面它起到安全和引导的作用，另一方面也强化了道路景观的空间序列。因此，要从人对道路空间感知的角度出发，根据不同道路空间的属性，合理布置道路景观照明，以形成富于人性化的道路景观。

（2）公共服务设施

公共服务设施包括公交车站、电话亭、座椅、信箱等。公交车站是人们等候公交车的地方，候车地周围环境要适合乘客候车，要考虑遮风、避雨、防日晒的功能。车站的设计一般都结合绿化设置，这就需要在种植上有所区别。如用更高的树木替代车站周围一定的树木，增加车站的可辨识性。

电话亭的设置不能妨碍行人正常通行。在步行环境中一般以100～200m间隔设置，电话亭需具有较好的通风性、挡雨功能，并有一定的私密性。

作为人们小憩的设施，一种是有靠背的长椅，一种是无靠背的长凳。有靠背的长椅决定了人的朝向，如结合绿化形成半包围的“凹”型设置，因为视线已经被限定在一个方向。而长凳比较灵活，可以在设置开敞空间，视线也

系列组合座凳

不受影响。休息设施的设置应该和周围环境相融合，若能同周围其他设施在设计上形成统一，就能使街道景观给人深刻印象。

信箱在设计上保持鲜明特色，色彩采用万国邮政联盟规范的橄榄绿或棕黄、红色。材质上采用较为坚硬的铸造金属类。

除了以上的服务设施外，还有诸如垃圾桶、公厕、市政井盖等设施，在此我们不做一一赘述，公共服务设施的设置应该视具体道路特性而定，但是风格上应同整体道路风貌相统一，才能塑造出舒服宜人的城市公共环境。

（3）三类速度体验下的城市道路设施设计要点

城市道路设施是提高道路品质的有效途径，同时也是城市文化和城市个性空间的展台。对于低速道路的城市家具设计，要求城市家具具有人性化特征，尺度、色彩、材质等符合人们的生理和心理需求，使人们有效参与和利用；而对于中速道路和高速道路体验下的城市家具，一般只关注于观景效果，在设置上考虑其间距和形体大小，使其具有空间导向性，以便于形成的空间序列和视觉效果。

设计阶段任务小结

城市道路景观设计需要用系统的方法对影响道路体系的因素进行分析和归纳，组织景观空间形式，各要素之间相互协调，逐步统一，才能塑造个性鲜明的道路特色。针对三类道路景观特征的研究发现，不同速度下的道路设计的侧重点不同。低速体验下的道路景观应以人行为主，注重细节的处理，考虑人与道路环境的交流和融合；中速体验下的道路景观设计，应以车行环境为主，考虑道路景观空间的组合形式和人的视觉感受。为了强调城市个性，要对道路景观的小环境的共性加以强化，赋予地域文化特征，并对人们的共同行为习惯和行为准则予以考虑；高速体验下的道路景观设计，应注重道路景观在具有连续性的同时考虑景观形式的过渡。由此，我们也能看出，在创造道路景观整体环境中，要更多地考虑变化中求得统一。

任务与实践

（1）实践任务：拟在市内某一商业街区，建一道路绿地，以改善城市居民的生活环境。

（2）成果与提交：设计图纸一套，设计说明书一份。

具体要求如下。

① 以植物种植为主，有层次变化，特点鲜明突出，布局简洁明快。

② 符合商业区街道绿地性质，充分考虑周边环境的关系、行人的生理与心理需求，有独到的设计理念，特点鲜明，布局合理。

③ 图面表现能力强，设计图种类齐全，线条流畅，构图合理，清洁美观，图例、文字符合制图规范。

④ 说明书语言流畅，言简意赅，能准确地对图纸进行说明，体现设计意图。

任务四 | 文本编制阶段

文本编制阶段任务 掌握综合文本的制作与流程。

目标与要求 能够对城市道路景观设计方案进行归纳与整理。

案例与分析 城市道路景观设计导则的编制内容——以西安曲江二期为例。

1. 道路景观整体设计

（1）编制原则

编制原则是道路景观设计导则应依据的准则，一般可包含两方面内容，一方面是对所有道路景观设计具有普适性的一般性原则，如“以人为本”或“可持续发展”等设计原则，每个设计个案都应遵循；另一方面是对特定基地制定的特殊原则，不具有普遍性，而具有独特性、专有性，如西安的道路景观，应特别注意西安本身的历史文化名城地位和特定的文化特色。因而在具体落实编制原则时第一方面可写可不写，第二方面必须写。以下几点是“西安曲江二期道路景观设计导则”（以下简称“曲江导则”）的编制原则。

① 本导则是对西安曲江二期城市道路景观建设最基本的规定，力图通过控制道路景观各影响要素，使城市道路景观走向优美、便利、舒适的发展方向。提升城市景观品质、提高道路可识别性并保持其风貌特色。

② 导则应对后期的道路景观规划、设计以及施工管理均能起到控制性作用，以保证高质量的道路景观的形成。并从曲江所处的现状基地环境出发，强化道路景观的历史风貌特征，通过物质环境表达历史文化。

③ 西安曲江二期道路景观设计除了必须遵守本导则规定外，还应符合国家和西安市的有关法律法规。

（2）控制目标

控制目标的确定是编制道路景观设计导则最重要的部分，它应概括整个片区道路景观设计的总目标，使所有道路成为一个有机整体，具有共同的核心表达内容。曲江二期道路景观设计的总目标：从绿荫生态慢行廊道到共享型街道博物馆。目标具有如下两层含义。

① 打造共享型街道博物馆。

运用物质空间来表达历史文化内涵，将二期的道路系统塑造成一个景观展示网络，形成曲江独有的“流动的街道博物馆”。街道既是展台又是展品本身，展现有关历史人物的生平成就、日常生活方式及器具，力求加强和“汉”有关的文化感知。

② 营造绿荫生态慢行廊道。

构筑类型多样、层次丰富、体验各异的街道景观体系，运用绿荫街道、生态街道、共享街道、文脉街道、慢行街道5大策略，将道路分为6种景观类型，重点从文化展示、绿荫营造、生态技术、慢行体验等角度，突破、丰富与提升传统意义的街道景观，表达“曲之有道”的丰富内涵。

（3）总体道路景观框架

总体道路景观框架的确定必须站在整个城市片区的高度之上，分析已有的上位规划对片区的整体景观风貌要求以及现状的道路景观状况，进一步审视每条道路的风貌特色和职能特点。通过对曲江的总体规划、总体城市设计、道路交通体系规划等上位规划的分析，结合现状的自然条件，提炼出曲江二期总体道路景观框架。框架包括3个层次的内容：风貌分区、重要廊道和重要节点。风貌分区是“面的控

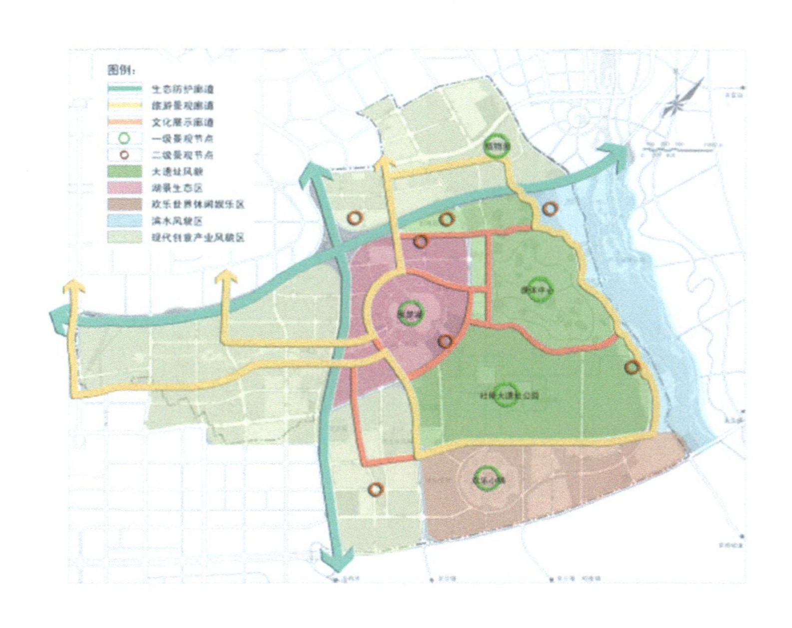

曲江二期道路景观框架

制”，重要廊道是“线的控制”，重要节点是“点的控制”。通过点线面的结合对道路景观整体效果做出全局性的控制研究。总体道路景观框架好比城市道路景观的骨架，是以下各系统细则的编制依据。

① 风貌分区。

风貌分区是对城市特色风貌的细化，是道路景观视觉要素的控制依据。景观风貌分区的确定有利于确定细则部分的文化展示内容以及道路设施小品的风格。曲江二期总体空间结构为“一塬、三镇、两区”格局（由总体城市设计确定）。在此规划空间结构的基础上，道路景观风貌分区可根据道路两侧的用地性质，形成5类区域。对于处在不同景观风貌区内部或环绕周边的道路有着不同的景观建设要求。具体分区及注意事项如下。

a. 大遗址风貌区。

本区是以杜陵遗址保护区为主的区域。本区周边的道路建设应注意对杜陵及其环境风貌的影响，并能够在视线上与杜陵贯通。

b. 湖景生态区。

本区是以雁梦湖周边滨水地区为主的区域。滨湖道路景观建设应注重“亲水性”与“观湖景”，营造更多的亲水空间，注意在视线上与湖面的通透性，其余道路景观应主要以传递“旅游休闲+国际化”为重点。

c. 欢乐世界休闲娱乐区。

本区是以印象杜陵为中心的区域。环岛道路应以观“岛”为特色，其余道路应主要以传递“文化娱乐+休闲度假”为重点。

d. 滨水风貌区。

本区是以长鸣路沿线为主的区域。道路景观建设应结合地形的自然特征，并注重浐河沿岸生态景观的观赏与展示。

e. 现代创意产业风貌区。

除以上分区之外的其他风貌区均为现代创意产业风貌。道路景观建设应以传递“传统+现代”风格为主，注重表达时尚与休闲的感受。

② 重要廊道。

片区内所有道路景观应保持完整性与均好性，但仍然应有主次，确定重要廊道利于有重点地打造片区内的特色街道。重要道可分为以下3种：生态防护道、旅游景观廊道、文化展示廊道。生态防护廊道一般为具有重要意义的高速

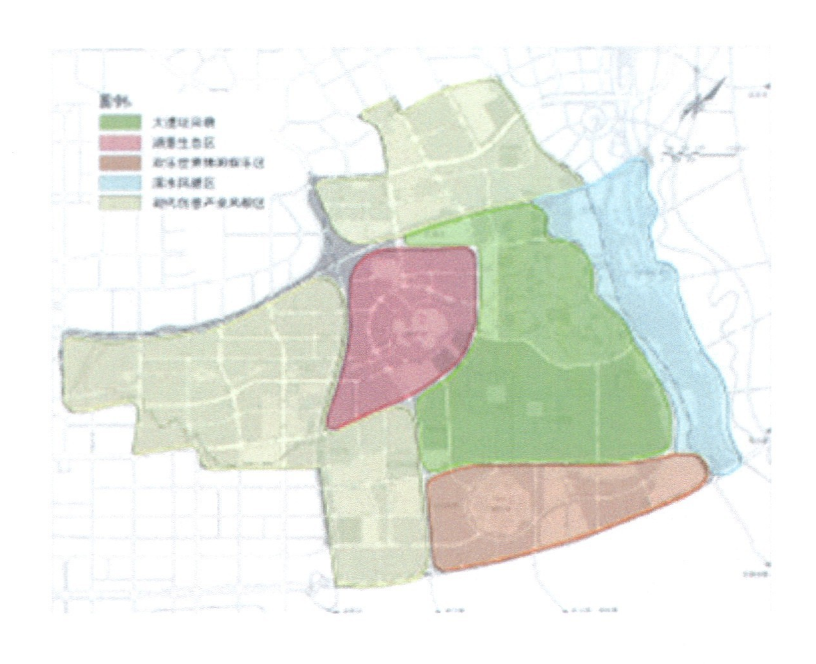

| 道路景观风貌分区图

路和快速路两侧的道路绿化；旅游景观廊道可理解为能串联所有重要旅游景点，跨各景观风貌区，对凸显城市景色具有特殊意义的道路；文化展示廊道更注重历史文化的表现，以街道为展台，街具小品为载体，各类文化素材为展品，通过从整体到细节全方位地展现地域文化特色。曲江道路导则依据曲江新区总体规划及城市设计，以落实“生态+旅+文化”的道路景观建设理念，确定的重要道路景观廊道如下。

a. 生态防护廊道。

以绕城高速与西康高速为主线的生态防护廊道，以生态防护为主要功能。景观以植物群落设计为主。

b. 旅游景观廊道。

将曲江二期的各个景区、景点通过廊道有机地组织起来，以环路为载体，使游客能在区域内的各个景区环行一周，同时，旅游景观廊道也是主要的文化展示廊道之一。

c. 文化展示廊道。

特指以展示汉历史政治文化与曲江民俗文化为主的廊道，以汉苑为依托，形成历史与现代相交融的街道景观。

③ 重要节点。

重要节点可以分为一级景观节点和二级景观节点，一级节点可理解为城市级的重要景观节点，二级节点可理解为片级的重要景观节点。依据曲江区总体规划及城市设计，确定如下重要景观节点，这些节点的性质及规模等，将影响到周边道路的局部地段或整体景观。

a. 一级景观节点。

以植物园、康体中心、杜陵遗址公园、雁梦湖、欢乐小镇等城市节点为主，是景观廊道组织的重要节点。

b. 二级景观节点。

以曲江二期城市总体规划中的城市公共绿地为主，同时赋予不同的主题，为市民提供更多的停留空间。

2. 道路绿化系统

道路绿化是城市生态绿化系统构成中最重要的一部分，其形成的绿化网络是城市整体绿化系统的骨架。通过不同植物的选择和种植方式的变化，可以形成不同的道路风格，也可以达到不同的设计效果。如交通性干道由于车流量巨大，

道路景观重要廊道分布图

道路景观重要节点分布图

道路绿化应偏重防护性，隔音减噪、防尘吸尘是重点。如步行人群较多的支路次干道，绿化种植应注重林荫效果，就应选用冬季落叶冠大荫浓的大乔木来做主干树种。另外，绿化氛围是注重自然还是注重庄重大方的几何感也是导则应加以控制的内容。绿化节点应先确定其空间功能，再落实绿化希望达到的功能效果。具体“曲江导则”中对道路绿化做了如下控制。

（1）带状绿化分类

① 生态防护型道路绿化。

位置分布：西康高速、绕城高速两侧。

设计目标：防护性质绿地，注重植物群落演替稳定发展，保持生态系统平衡，绿化系统不考虑人的活动，以遮挡噪声与粉尘，保持该区域的生物多样性为主，形成鲜明的植物景观。

设计原则：自然式种植，以不同种类的植物构成人工群落，各植物个体之间具有与自然群落一样的结构和位置关系，并有丰富的季相变化。

② 风景防护型道路绿化。

位置分布：三环、穿越通过型道路（雁南路、金花南路、53#路等）两侧。

设计目标：通过性为这类道路的主要功能，绿化种植应适当考虑人的活动，运用绿化减弱较大车流量对沿途环境的影响。

设计要求：绿化种植呈带状形式，以有规律、简洁的绿化模式满足交通性道路安全、快捷的要求，以多层次的植物组合实现滞尘减噪的目的。

③ 景观型道路绿化。

位置分布：联系曲江一期主要景点，串接曲江二期各大景点的各主要道路。

设计目标：反映曲江二期城市特色和各片区个性，满足各项旅游休闲活动的功能需求。

设计要求：整体绿化成网，片区绿化分区。

a. 印象杜陵周边。

道路绿化与主题公园内部绿化系统整体考虑，植物种类、面积相比其他区域略有偏重，满足秦岭生态区生态廊道衔接部位的功能要求。

b. 创意谷周边。

纵、横向道路绿化与高速交汇处保持城市道路绿化的延续性，弱化生态廊道性质，加强高速南北、东西片区的连续性。

c. 数字传媒公园周边。

片区内绿地为开敞性质，周边道路绿化简洁，把握乔木高度，控制灌木比例，保证与开敞绿地之间的视觉联系，保持开敞的空间感。

d. 植物园周边。

因园内植物品种丰富，绿化面积大，周边道路绿化可适度从简，将视线引入园内。

e. 康体休闲公园周边。

为大面积集中绿化区域，内部及周边道路绿化从简，满足基本的道路绿化要求。

f. 雁梦湖周边。

与滨湖绿化系统整体考虑，植被种类丰富、层次分明、过渡自然，与环湖路相交的道路绿化应注意植物形态的导向性，将外围视线引向雁梦湖。

g. 杜陵遗址周边。

道路绿化从简，以对称种植营造序列感，烘托杜陵宏大形态。

h. 浐河西岸。

长鸣路东侧绿化以开敞的自然空间为主，注意沿路行道树分枝点高度，控制灌木比例和位置，保证视线通透，合理配置地被、沼生植物，确保与湿地公园自然衔接过渡。长鸣路西侧由疏到密逐步加强植物种植的强度，为西侧低密度社区滞尘减噪并提供私密性视线庇护。

④ 林荫型道路绿化。

范围分布：共享型、居民生活型道路两侧。

设计目标：满足人流量大、停驻时间长的功能需求，处理好与街道两侧橱窗、招牌、广告等景观元素的关系。

设计要求：路侧简单布置几何形状的树池或花坛，绿化设计符合街道空间的尺度要求，避免繁杂、喧宾夺主。

⑤ 休闲型道路绿化。

位置分布：杜陵北轴线及雁梦湖畔的景观休闲步行路。

设计目标：突出杜陵形象，提供可游可憩的园林景观道路。

设计要求：杜陵北轴线路侧主要风貌为原有大面积绿地，杜陵为轴线焦点，道路两侧对称种植成配景，引导视线、突出焦点，骨干树种的选择与沿路广场协调统一；雁梦湖畔步行道绿化注意与滨湖绿化系统整体考虑，绿化注意植物形态的导向性，不能遮挡观赏雁梦湖的行人的视线。

带状绿化类型分布图

（2）绿化节点分类

① 景观型开敞绿地。

位置分布：数字传媒公园周边。

设计目标：强调开敞性，为周边出版传媒机构提供休闲、展示空间。

设计要求：乔木、灌木成组成群种植，控制灌木比例和位置，保持视线通透，营造开敞的空间感。

② 景观型绿化节点（横向）。

位置分布：道路与景观带、景观面交汇处。

设计目标：强调景观面、景观带的连续性。

设计要求：道路与大面积景观面、景观带交汇处保持景观面、景观带原有的植物种植风格，弱化原道路种植形态特点。

③ 景观型绿化节点（纵向）。

位置分布：高速、快速通过型道路与城市主要道路交汇处。

设计目标：强调城市道路绿化的连续性。

设计原则：在交汇处保持与曲江一期道路绿化的统一性和连续性，弱化高速快速通过型道路绿化的生态防护性。

④ 休闲型绿化。

位置分布：街头广场。

设计目标：强调参与性，满足使用者休息、交流、文化等活动的要求。

设计原则：植物配置疏朗通透，周边宜种植适量乔木。

⑤ 林荫型绿化。

位置分布：街头绿地。

设计目标：使用强度小于街头广场，可游可憩，绿化比例大于街头广场。

设计原则：乔木、灌木、地被植物相结合进行边界处理和空间限定，为使用者提供春花、夏荫、秋叶、冬暖的怡人小环境。

（3）植物群落推荐

① 楝树+龙柏—黄杨+石楠+棣棠—二月兰。

② 栓皮栎+华山松—溲疏+天目琼花—玉簪+萱草。

③ 麻栎+栓皮栎+黄连木+龙柏—四照花+连翘—宽叶麦冬。

道路绿化节点类型分布图

④ 楸树+梓树—石楠+糯米条+棣棠—红花酢浆草。

⑤ 华山松+乌桕+黄连木—黄栌+平枝栒子—白三叶。

（4）苗木种类推荐

① 常绿乔木——雪松、油松、白皮松、云杉、桧柏、广玉兰、女贞、石楠、桂花、棕榈等。

② 落叶乔木——国槐、毛白杨、银杏、悬铃木、臭椿、榆树、楸树、梓树、刺槐、黄连木、合欢、栾树、麻栎、栓皮栎、白蜡、玉兰、柿树、构树、枣树、鸡爪槭、红枫、七叶树、垂柳、旱柳、鹅掌楸、樱花、苦楝、枫杨、乌桕、垂丝海棠、红叶李等。

③ 灌木——沙地柏、铺地柏、海桐、大叶黄杨、小叶黄杨、珊瑚树、小蜡、水蜡、夹竹桃、火棘、金叶女贞、海州常山、贴梗海棠、郁李、白鹃梅、榆叶梅、黄刺玫、平枝栒子、鸡麻、棣棠、紫叶小檗、连翘、丁香、迎春、红瑞木、石榴、木槿、紫薇、金钟。

④ 地被——常春藤、地锦、金银花、木香、鸢尾、萱草、白三叶、二月兰、麦冬、酢浆草、玉簪等。

⑤ 水生植物——芦苇、香蒲、黄菖蒲、水葱、千屈菜、荷花、睡莲等。

（5）道路设施小品

设施小品控制要点主要从两方面入手，一是风格的确定，二是数量、间距、尺寸的控制。小品风格的确定是城市风貌控制的一个组成部分，可以在整个城市片区统一为一种。如片区面积较大，可考虑分区域控制，整体上统一，细节上有所区别。小品数量、间距、尺寸的控制主要满足功能需求，应参考国家标准或相应的设计规范。曲江二期的小品风格分为：传统汉风、传统汉风+现代、乡野风。

① 铺装。

人行道铺装应坚固、防滑、易清洗、排水通畅，使行人能够安全、舒适地行走。铺装可采用不同的材料和铺设形式，增强铺装的识别性，使人们可轻易辨别各种不同铺装代表的不同活动空间，保证步行空间的使用率和景观的整体性。

“曲江导则”中规定人行道铺装可采用具有汉文化特色的材料和铺装图案，充分体现地域特色，增添道路情趣的同时，展示城市个性

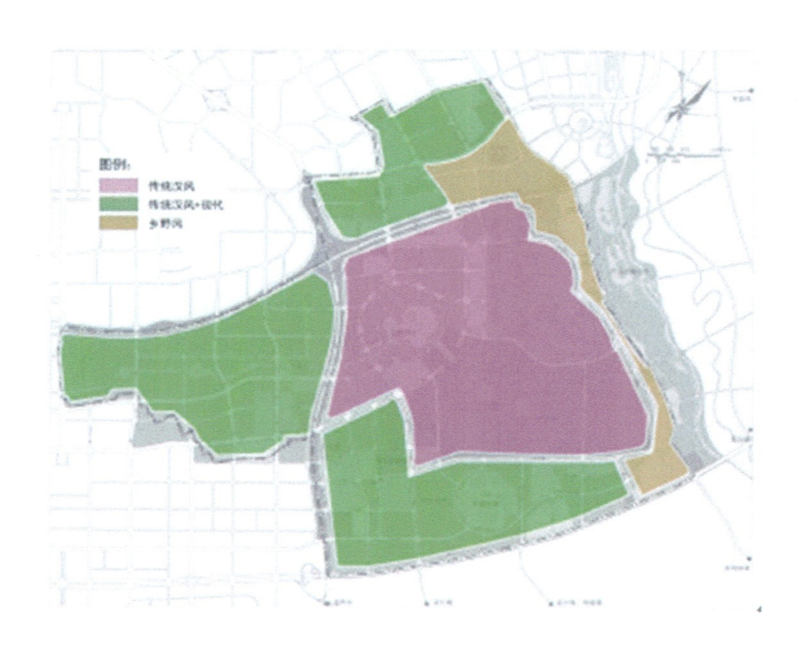

设施小品风格分布

风采。另外还有以下一些具体要求。

/ 铺装材料的大小应与道路尺度相适应，铺装形式、色彩、材料的选择应与道路空间的功能相适应；应将整个道路的铺装作为整体考虑，同一条道路不应有几种形式；所有人行道应设置盲道和无障碍设施。

/ 人行道宽度一般应大于3m，可通过不同的铺装色彩划分出通行带和设施带，当人行道宽度大于8m时，可通过不同的铺装材质区别出固定的停留休息区域。

/ 在色彩上区分各类步行道，生活步道采用灰色系，旅游休闲步道采用红色驼色系，滨水步行道采用墨绿色。

② 灯具。

/ 一般要求：可对街道入口的构筑物、小品、绿化等进行单独布光，塑造节点效果。交叉口的照度值应比路段照度值高一个等级。灯具的防护应防尘、防溅水。

/ 灯具的功能性与装饰性：机动车道路应选择功能性灯具，灯具风格与形式应与街道的建筑环境相协调，造型美观，与所在地区和街道的风格色彩相统一。

非机动车及人行的道路宜选功能与装饰结合的灯具。对于景观道路、商业街、景区，可补充设置装饰性灯具。

/ 光源的选择：机动车和行人混合交通宜采用高压钠灯或小功率金属卤化物灯；市中心、商业中心等对颜色要求较高的机动车交通道路可采用金属卤化物灯；商业步行街、居住区人行交通道路、机动车交通道路两侧人行道可采用小功率金属卤化物灯、细管荧光灯或紧凑型荧光灯。

③ 休息座椅。

分类：可分为单座型和连座型。

布点要求：连座型椅，一般以3人为标准，长度约2m。一般为固定式，设置于人行道内侧或结合绿化布置。

形式/材料：材料上主要有木材、石材、混凝土、金属、合成材料等，表面光洁、不积水，座椅和条凳宜结合遮阳、防雨设置。

尺寸：普通座面高度为38~40cm，座面宽40~45cm；普通座椅标准长度为双人椅1.2m左右，3人椅1.8m左右。

设计要求如下。

/ 休憩座椅应在数量充足且布局合理的基础上。加强外观造型的设计，力求具有艺术感和文化气息，起到烘托景观环境的作用。

/ 城市休闲设施应与人流主干道保持适当的距离，对于人流较大的地区不适合舒适设计，应按照整个区域的环境要求决定外观设计。

/ 座椅的布置既考虑环境舒适，又考虑观赏性，每处座椅都应具有适宜的环境，结合转角，凹处提供亲切的座椅。

/ 公共椅凳应坚固耐用，不易损坏、积水、积尘，有一定的耐腐蚀、耐锈蚀能力。

座椅风格示意

④ 垃圾箱。

分类：可分为地面固定型、地面移动型和依托型。

/ 地面固定型：设置于人流较少的道路旁、广场边。特点是不易被移走、破坏，便于管理。

/ 地面移动型：一般体型较大且单独摆放，设置在人流变化和空间利用变化较多的场所，如广场、公园及较宽广的街道等空间场所。

/ 依托型：一般固定于柱、墙壁等处，可设置于人流较多的狭小的空间场所，体型较小。

布点要求：设置在道路两侧的垃圾箱，其间距按道路功能划分。设置在快速通过型道路、穿越通过型道路的垃圾箱间距为100～200m；设置在景观旅游型街道、复合共享型街道、居民生活型街道的垃圾箱间距为50～100m。

形式/材料：垃圾箱的材料一般有预制混凝土、金属、木材、塑料、玻璃纤维等。

基本尺寸：设置高度为0.6～0.9m。

设计要点如下。

/ 垃圾箱可与烟灰缸、休息设施组合设置，广场、公园、公共汽车站、自动售货机、贩卖亭等公共环境中应加大数量。道路两侧垃圾箱宜设置于人行道的公用设施带中。

/ 在交通要道，人流集中等地方要求垃圾箱的设置数量多、容量小。

/ 外形应简洁美观，防雨防晒，设排水孔。

/ 开启盖子要注意便利性、易操作性，形态简洁大方。

/ 应满足垃圾分类收集要求，采用分类垃圾箱，且有明显标识。

⑤ 指示牌。

分类：领域标志、环境标志、交通标志、公共设施、标志旗帜。

形式/材料：标识的固定方式有独立式、悬挂式、悬臂式、嵌入式等；标识的常用材料有玻璃、木材、陶瓷、不锈钢等。

尺寸：主要控制高度，一般为1.5～2m。

设计要点如下。

/ 视街道空间而定，采取集约化布置，可组合在其他的大型设备中或利用沿道建筑物等措施。周围有变压器、配电盘等设施时，可通过代用、兼用、改用结合设置指示牌。

/ 应具有简明性，易识、易记，并运用象征性、含义性和美术性手段建立生动的特有意象。

/ 交通标志应设置于各种场地出入口、道路交叉口、分支点及需要说明的场所，与所在位置尺寸、形状、色彩相协调，并与所在位置的重要性相一致。

垃圾箱风格示意

/ 按照国际通用的图形进行设计。

⑥ 公交停靠站。

分类：港湾式和直停式。

形式/材料：色彩鲜明，易于辨别，材料以金属构件为主。

基本尺寸：站台标高在0.2m以上。

设置要求如下。

/ 布置方式取决于道路横断面形式。

/ 三幅路或四幅路宜沿两侧绿化带设置港湾式停靠。

/ 有条件的道路应在公交停靠站处设置硬隔离。

/ 公交站牌的设置，不应遮挡来车视线。

/ 位置不应离交叉口过近，且要和街对面的公交车站错开布置，以免造成局部堵塞。但也不能与交叉口距离过远，给人们乘车造成不便，最佳距交叉口距离为30~50m。

/ 候车亭采用不锈钢、铝材、玻璃、有机玻璃板等耐气候变化、耐腐蚀、易清洗的材料。

⑦ 临时停车设施。

a. 出租车停靠点。

布点要求：如附近已有公交停靠站，出租车临时停靠点应设在公交停靠站至少50m处。

基本尺寸：出租车停靠站的长度，一般设置为6~10m。

设置要求：出租车停靠站的布设应根据城市总体布局布设，在宾馆、酒店、广场、交通枢纽点、学校或其他较大型的人流集中集散附近优先设置。在设置辅道的道路上，应在辅道上设站，且尽可能设置在交叉口前后，不能严重影响其他车辆尤其是公交车辆的通行。

b. 路侧停车。

设置要求：在不严重影响交通时，允许设置少量的路边机动车停车泊位，同时配以严格的限时和收费等管理措施。

⑧ 无障碍设施。

分类：缘石坡道；盲道。

设置要求如下。

a. 缘石坡道。

人行道的各种出入口必须设置缘石坡道；缘石坡道应与斑马线相对应，并和道结合设置；缘石坡道可分为单面坡和三面坡两种，三面坡较为美观，但占地大；缘石坡道的坡面应平整且防滑；缘石坡道最下端高出车行道地面不得超过2m。

b. 盲道。

盲道与人行道边缘间距不得小于0.5m。盲道的颜色宜为中黄色，材料与周边装相配套，需进行防滑处理。人行道设置的盲道位置和走向应方便失明者顺行走，导向砖应为条形行进盲道，且应连续，中途不得有道路设施等障碍，避开管道井盖铺设，行进盲道的起点、终点、转弯处应设提示盲道，其长度应大于行进盲道的宽度。人行道中必须经过的障碍物时，在相距0.25～0.50m处，设提示盲道，提示盲道长度与各入口的宽度应相对应。道路交叉口的无障碍设计主要盲道结合缘石坡道，并加入声音提示信号灯，共同构成一个完善的无障碍通行设施。

⑨ 报刊小卖亭。

报刊小卖亭一般是根据商业需求来布置的，在商业密集区，应该设置较多的报刊小卖亭。反之，在人流稀少的地区，就少放或者不放，这是一个商业选择的过程，可以预留位置，不做硬性设置。

⑩ 公厕。

分类：固定型与临时型。

布点要求：公厕常结合广场、车站、商业街等场所设置。一般街道设置间距700~1000m；人流密集的场所则控制在500m以内，配置流动小型公厕，并设明标志和特殊铺地等予以引导、指明。

形式/材料：可利用绿化进行半遮挡、景观化及采取与其他设施的连体结合等方式。

设计要求如下。

/ 公厕应布局合理（在公共汽车首尾站、旅游景点、繁华街道、重点地区和型公共场所周围设置的公厕不应低于二类标准），每平方公里4座，标识醒目美观，建筑造型与景观环境相协调。

/ 景区新建公厕按照星级公厕标准建设（可参照“旅游厕所质量等级的划分与评定”），厕所内部有文化氛围，居住区公厕按照一类标准建设。旅游高峰期景点附近可设置移动式公厕满足临时需要。

/ 公共厕所的男女便位设置的比例为1∶1或1∶2，避免出现女厕排队现象。

/ 公厕应注意通风采光、节能等问题。应采用生态卫生系统，推广使用免水冲生态厕所。

/ 应充分考虑无障碍设计。公厕进出口处，必须有明显的中文和标志，国家一类厕所及涉外厕所需加英文。

通过西安曲江二期的文本编制样例，我们可以看出，城市景观设计不单单是创意设计与图面绘制，还需要有文字的编撰与整理，下面我们就来学习如何对城市道路景观设计进行文本编制。

知识与技能

1. 城市道路景观文本编制规范

（1）可行性研究

工程可行性研究应以批准的项目建议书和委托书为依据，其主要任务是在充分调查研究、评价预测和必要的勘察工作基础上，对项目建设的必要性、经济合理性、技术可行性、实施可能性，进行综合性的研究和论证，对不同建设方案进行比较，提出推荐建设方案。

可行性研究的工作成果是提出可行性研究报告，批准后的可行性研究报告是编制设计任务书和进行初步设计的依据。

某些项目的可行性研究，经行业主管部门指定可简化为可行性方案设计（简称“方案设计”）。

可行性研究报告应满足设计招标及业主向主管部门送审的要求。

（2）初步设计

初步设计应根据批准的可行性研究报告进行编制，要明确工程规模、建设目的、投资效益、设计原则和标准，深化设计方案，确定拆迁、征地范围和数量，提出设计中存在的问题、注意事项及有关建议，其深度应能控制工程投资，满足编制施工图设计、主要设备定货、招标及施工准备的要求。

初步设计文件应包括：设计说明书、设计图纸、主要工程数量、主要材料设备数量和工程概算。

（3）施工图设计

施工图应根据批准的初步设计进行编制，其设计文件应能满足施工、安装、加工及编制施工图预算的要求。

施工图设计文件应包括：设计说明书、设计图纸、工程数量、材料设备表、修正概算或施工图预算。

施工图设计文件应满足施工招标、施工安装、材料设备订货、非标设备制作，据以工程验收。

2. 编制文本目录及设计说明

（1）设计说明书

① 道路地理位置图。

示出道路在地区交通网络中的关系及沿线主要建筑物的概略位置。

② 概述。

/ 经批复的可行性研究报告文件，有关评审报告及设计委托书。

/ 采用的规范和标准。

/ 对可行性研究报告批复意见的执行情况。

/ 需要说明的其他事项。

③ 现状评价及沿线自然地理概况。

/ 道路现状评价。

/ 现状交通量及技术评价（交通量、车辆组成、路口交通流量与流向特征及路口、路段饱和度等）。

/ 沿线（控制性）建筑、河流、铁路及地上、地下管线等情况。

/ 水文地质、气象等自然条件：如河流设计水位、流速、地下水位、气温、降雨、日照、蒸发量、主导风向、风速、冻深等。

/ 工程地质资料。

/ 地震基本烈度及对大型工程构筑物区域的地震分析评价。

④ 工程概述。

/ 工程地点、范围、规模、建设期限、分期修建计划。

/ 规划简况：着重阐明设计道路、立交在规划道路网中的性质、功能、位置、走向、相交道路的性质、功能。

/ 远期交通流量流向的分析，设计小时交通量的确定，荷载等级的确定。

/ 主要交叉路口渠化处理方式，如选用立交，需阐明其必要性及选型依据。

/ 如为改建道路，需说明原有道路情况，包括路面和路基宽度、路面结构种类及强度、交通流量情况、车速、排水方式、路面完好程度以及沿线行道树树种，树干直径等。

/ 简述工程建成后的功能和效益：对道路路网的影响，减小干扰提高车速和服务水平的程度。根据以上内容，阐明工程修建的意义。

⑤ 工程设计。

/ 道路规划情况，包括规划位置、道路规划等级，规划横断面、竖向规划，地上、地下杆管线位置，主要交叉路口的规划。

/ 技术标准与设计技术指标。

/ 平面和纵、横断面设计原则及内容：包括道路位置、走向、平面控制点的确定，道路竖向设计的原则及控制因素，设计横断面布置形式，宽度和断面组合的确定与规划横断面和现况横断面（改扩建道路）的关系，现况与新建地上、地下杆管线与设计断面间的平面与高程的配合原则。

/ 设计方案比选及远近期结合和近期实施方案。

/ 纵、横断面设计方案比选。

/ 沿线各种交叉设置方式方案比选，实施方案路口（含平面、立交）交通流量、流向分析、交通组织及交通安全设施的设计原则及各部分的基本尺寸和主要设计参数。

/ 路基、路面结构设计方案比选，实施方案确定的原则及内容，包括路基水温及土质、路基强度设计；路面结构类型及设计路面厚度的确定，包括荷载标准、计算方式、计算参数、结构组合、材料选择。利用旧路工程，需做旧路强度测定与技术论证。

/ 桥梁、隧道及附属构筑物设计原则及内容：包括立交桥梁、过河桥、隧道、大型涵洞、过街设施、公交停靠站、挡墙及交通工程设施。

/ 道路排水方式选择的依据：排水设计频率的确定，方案比选，如为雨水泵站，应确定泵站位置、形式和构筑物标准。

/ 附属工程包括：交通安全及管理设施、照明工程、绿化工程等。

/ 沿线环境保护设施及评价。

/ 新技术应用情况及下阶段需要进行的试验研究项目。

/ 工程建设阶段划分。

/ 设计配合：各类新建地上、地下杆管线，沿线文物古迹，特殊建筑，相关部门（规划、业主、管理单位、县、乡、村）的联系配合。

/ 存在的问题与建议：包括需进一步解决的主要问题和对下阶段设计工作的建议。

（2）工程概算

（3）主要材料及设备表

工程全部所需的主材和其他主要设备材料的名称、规格（型号）、数量（以表格形式列出）。

（4）主要技术经济指标

（5）附件

可行性研究报告批复文件、勘测及设计合同、有关部门的批复以及协议、纪要等。

（6）设计图纸

/ 平面总体设计图：比例尺1：2 000～1：10 000，包括设计道路（或立交）在城市道路网中的位置，沿线规划布局和目前重要建筑物、单位、文物古迹、立交、桥梁、隧道及主要相交道路和附近道路系统。

/ 平面设计图：比例尺1：500～1：2 000（立交1：200～1：500），包括规划道路中线位置，红线宽度、规划道路宽度、道路施工中线及主要部位的平面布置和尺寸。拆迁房屋征地范围，桥梁、立交平面布置，相交的主要道路规划中线、红线宽度、道路宽度、过街设施（含天桥和地道）及公交车站等设施，主要杆管线和附属构筑物的位置等。

/ 纵断面图：比例尺纵向1：50～1：200，横向1：500～1：2 000，包括道路高程控制点及初步确定纵断面形式及相应参数，立交主要部位的高程，新建桥梁、隧道、主要附属构筑物和重要交叉管线位置及高程，立交应包括相交道路和匝道初步确定的纵断，如设有辅路或非机动车道应一并考虑。

/ 典型横断面设计图：比例尺1：100～1：200，包括规划横断面图、设计横断面图、现状横断面图及相互之间的关系，现况或规划地上、地下杆管线位置，两侧重要建筑，路面结构设计图。

/ 广场或立交口设计图：比例尺1：200～1：500，包括主要尺寸、形式布置、公交车站、过街设施、渠化设计、局部部位的竖向等高线设计图。

/ 挡土墙、涵洞及附属构筑物图。

/ 交通标志、标线布置图。

/ 工程特殊部位技术处理的主要图纸。

/ 桥梁、排水、监控、通信、供电、照明设施图。

文本编制阶段任务小结

城市道路景观设计文本编制任务需要熟悉城市道路景观文本编制规范、对设计文本进行目录的综述及设计说明。所以文本编制阶段的主要任务是掌握综合文本的制作与流程，并具备对城市道路景观设计方案进行归纳与整理的能力。

任务与实践

（1）实践任务：拟在市内某一商业街区，建一道路绿地，以改善城市居民的生活环境。

（2）成果与提交。

/ 对方案材料进行统计，编制设计文本。

/ 小组自评，小组内对各成员完成的成果进行评分。

/ 集体互评，各小组展示设计文本成果，并讲解作品。

03

项目三｜城市居住区景观设计

项目概述：城市住区景观设计由城市景观设计中的面状景观构成，除了设计地域面积的增加之外，城市住区景观设计还是城市广场景观设计与城市道路景观设计在场地应用上的综合体现。如果把城市景观比作美丽的项链，城市广场景观是串项链的珍珠，城市道路景观是贯穿项链始末的奢华丝线，那么城市住区景观就是项链上的璀璨宝石。更为重要的是，居住区作为场所环境，是城市景观设计最具区域代表性的领域环境，在强化城市景观设计工作过程的基础上，以城市广场和城市道路景观设计的知识与技能为依托，把城市住区景观设计作为学习情境旨在对城市景观设计技能上的掌控予以提高和升华。通过对居住区环境整体的把控性设计，掌握城市景观设计师的岗位职责，以综合提高与展示城市景观设计师职业能力。

任务与实施

任务——能够综合掌握景观设计师的职业能力，结合景观设计的方法，具备分析评价景观设计优劣及解决主要设计矛盾的能力。

实施——以设计师职业能力要求为任务阶段，依次如下。

（1）准备阶段任务：掌握城市住区景观设计需要解决的基本问题是什么，能够正确认识景观设计师的综合素养。

（2）策划阶段任务：了解住区景观环境的价值，能够创造出宁静与具有特色的城市景观环境风格。

（3）设计阶段任务：发挥每一个景观要素的积极作用，施展城市景观设计的大手笔，能够对设计进行纠偏和经济评估。

重点与难点

了解住区景观设计的内容与技法，培养城市景观设计师的综合职业素养。

能力目标

具备设计“掌控”能力，培养城市景观设计师的综合职业素养。

项目实训技能与成果

（1）具备场地勘测及文案的组织能力。

（2）掌握语言转换的技巧，具备演绎与推理的能力。

（3）能够综合应用设计的创意与表达。

（4）能够对设计进行纠偏和经济评估。

任务一 | 准备阶段

准备阶段任务 掌握城市住区景观设计需要解决的基本问题是什么，能够正确认识景观设计师的综合素养。

目标与要求 通过了解城市住区景观设计需要解决的基本问题，具备城市景观设计项目综合分析与评价的能力。

案例与分析

通过前面的学习，我们知道城市景观设计是基于形象、功能和环境的设计，而对于居住区景观设计而言，除了形象、功能和环境的设计外，更注重规划与建筑、建筑与景观、景观与规划之间的协调关系，如苏州佳盛花园景观设计。

苏州佳盛花园，在设计时，景观设计与总体规划、建筑设计受到了同等重视，通过规划师、建筑师、景观师的全局性构想，创造出了高质量的住区景观环境。

（1）环境方面，竭尽所能创造出青山绿水中的风水宝地，开辟小区风道与生态走廊，合理利用阳光与阴影。

（2）户外活动方面，提供了充足的户外公共活动场地，并做到动态娱乐与静态休憩相结合，公共场地与私密场地并重，开敞空间与半开敞空间并重。

（3）景观形态方面，展现优美独特的现代都市田园景色；远山近水，争取每户有景可观，绿满全景；设计主导以曲代直，还自然园林空间本来面目。

由此可以看出，居住区景观设计的难点是要求规划、建筑、景观环境从一开始就同时介入，从景观的角度、绿化的考虑、户外活动需

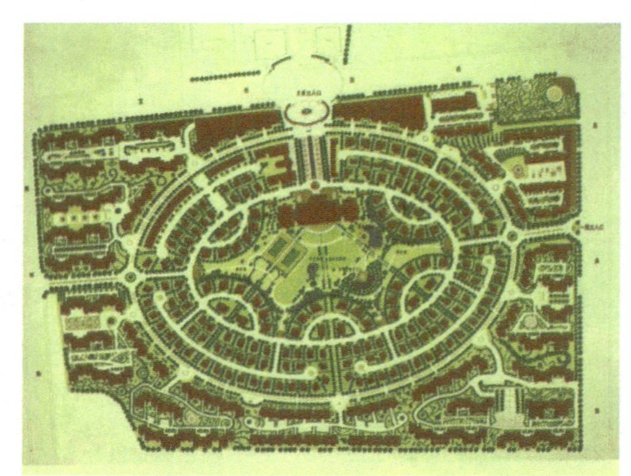

苏州佳盛花园景观设计

苏州佳盛花园中心区鸟

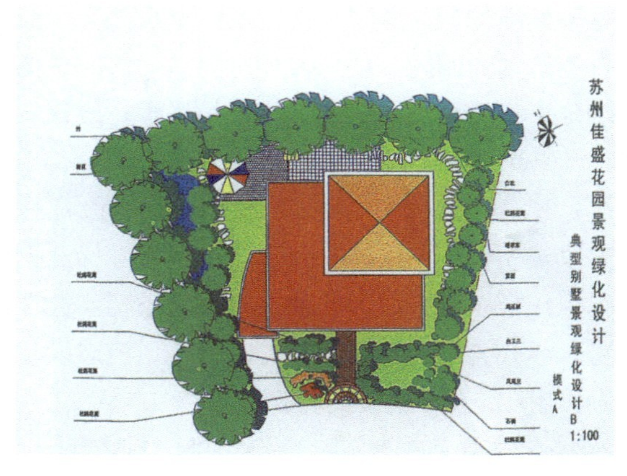

苏州佳盛花园景观设计别墅

求的考虑出发，与规划师、建筑师随时交流，反复协调，形成更为理想的总体布局。

知识与技能

1. 如何解决城市住区景观设计面临的问题

景观设计是规划、建筑、环境的综合，设计出“人性化”的城市景观设计，必须解决城市住区景观设计面临的问题。

（1）如何解决城市住区景观设计的目标问题

城市住区景观设计首先要明确目标，解决目标问题的方法就是一切以住户的景观需求为出发点。住区景观设计的基本目标应当是面向家庭社区的生活。

城市住区景观设计的目标主要有以下3点。

① 营造安全的家园感。

要满足安全的家园感就应保证住区环境卫生安全和生态安全，这涉及日照、通风、绿化、除尘等一系列基本的保证居民生理健康需求的要点。

② 安静的花园感。

要满足安静的花园感就需要自然之声，如利用自然地形高度差制造出不同的流水——瀑布、叠水、涌泉、滴水，水声有大有小，有静有动，更能突显出住区环境的静谧。住区景观在整个城市景观中应是最静态、最安静的场所环境。

③ 安心的归属感。

让人安心，有归属感的住区景观应该是原始性的景观，原始性的景观需要住区有大量开敞性的、生活性的、质朴的景观。

（2）如何确定城市住区景观评价标准以及指标

确定评价标准以及指标，借以判断衡量什么是好的住区景观，什么是不好的住区景观，什么才是人们向往追求的住区景观，这是住区景观设计要解决的第二大问题。从满足住区景观使用要求出发，应该有3条基本的标准：一是安全，最基本要有围墙和篱障，视线也应当收放有秩、遮引有序；二是实用，满足住区景观环境中所需的功能，如绿化、谧静、采光、通风、活动场地等；三是美观，住区景观的美观包含着很多内容，如诗情画意、文化内涵、艺术性等。

其中，第一条标准是关于住区景观环境空间形态形象的问题，其中，视觉景观较为重要，涉及绿视率、空间美学等问题；第二条标准是关于环境绿化生态的问题，住区景观环境绿地率、绿化覆盖率、生物多样性等指标都是这条标准的具体体现；第三条标准是关于住户行为活动的问题。住户室外行为活动需要硬化场地，这就引出了“硬地率”的概念，建议以15%～30%为好。

总之，城市住区景观设计评价是保证住区景观质量的关键环节，除了这些基本标准指标，还可以制订更多的细化标准和指标。标准可以各式各样，评分可以有高有低，但应以鼓励实用性、多样性、美观性为优先。

（3）如何在方案阶段把握住区景观设计

解决这一问题的关键是要在住区设计之初，建筑师、城市规划师、景观师同时介入。以此为前提，住区景观设计应当围绕着视觉形态、环境绿化、行为活动这三方面展开。

住区景观视觉最重要的特点是从内往外看，要考虑从每家每户住宅看出去的视觉景观效果。就外环境来说，要领是要多做廊道，包括视觉通廊、环境走廊，这些通廊在住区里面通常是结合道路、自然的河流或者集中性的带状绿地而布局的。

环境绿化生态方面是要多种乔木，多提供绿荫，多做立体化的绿化，最主要的是营造林荫密布的环境，从而实现住区环境静谧安宁的目标。环境绿化生态方面还包括通风场所及通道的处理，阳光、日照、朝向的处理以及地形的处理等，这一切都与降噪吸尘、产氧等环境感受有关。

行为活动方面应多配各种类型的活动场地，场地可以是硬质的也可以是软质的；场地也不仅局限于地面层，也可以立体架空，甚至做到屋顶上去。绿化也一样，需要立体化，屋顶花园、垂直绿化都是值得考虑的。需要注意的是，在住区景观中，景观人群活动的密度不希望太高，所以硬质景观及绿化景观应当是分散布局的。

整体布局的关键是以上的几个概念要考虑好，当然还要同时兼顾城市规划和建筑的布局。在整个住区景观设计过程中，与规划师、建筑师们相比，景观师的强项是什么呢？我们认为是懂风、懂水、懂地形、懂植物、懂得户外活动，这是景观师与规划师、建筑师在合作中要发挥的专长。

城市住区景观设计方案通常可以分为3个阶段：第1阶段是总体环境布局，第2阶段是关于硬质景观设计，第3个阶段是绿化等软质景观设计。3个阶段中第1个阶段最为重要，景观师要与规划师、建筑师反复地交流。

（4）如何提高住区景观艺术性，借以提升住区景观环境的品位和档次

景观艺术性的关键是特色个性，所以住区景观设计不能千篇一律、照搬西方，应当有自己的个性特色。

最理想的景观环境设计应该是人性化的，当今和未来的人性化应该是指个性化，即每一家业主喜欢什么样的景观，景观设计师就去做什么样的景观，这是最理想的。在满足最基本的目标、标准、骨架、框架之后，再想办法去创造具有个性化的、艺术化的景观，这就是我们关于住区景观设计实践的追求。

2. 城市住区景观设计的分析方法与技巧

（1）资料的搜集与整理

城市住区景观设计工作所涉及的范围很广，相关的学科也很多，包括整个城市的发展与规划条例，国家的发展政策、相关的规划法律，城市的生态系统、公共设施的安全，人们的健康状况和福利，交通状况、城市光照、安全规范、行为规范，噪声、尘土、车灯的干扰情况……这些都影响着城市住区景观设计的分析与定位。

我们在做城市住区景观设计之前，首先要接受设计委托书。通过设计委托书明确设计任务和要求，明确设计期限并制定设计的进度安排，考虑各有关工种的配合与协调，明确设

计任务和性质、功能要求、设计规模、等级标准、总造价，根据任务的使用性质创造景观环境、文化内涵或艺术风格等。其次要熟悉和设计有关的规范和定额标准，收集、分析必要的资料和信息，包括对现场的调查、勘探以及对同类型实例的参观等。

（2）明确设计任务和要求

接受设计委托。委托是客户的需求，由委托方提出服务的内容、目的和要求。受托方接受委托后达成双方之间的协议，并形成文字性的委托合同。通过委托书及资料的收集与整理，明确设计任务和性质，了解设计的目的，把握服务对象，掌握设计内容、设计目标、技术指标、项目的运行结果，对可行性报告的分析，对项目特点的了解等都需要我们做出详细的数据统计。只有明确自己所设计的任务后才能知道应该做什么、应该怎么做，使自己的思路不会偏颇。

明确设计的功能要求。在全面掌握该功能的具体要求后，应充分收集功能所需要的素材和资料，制订一个工作内容总体计划，拟定一个准确而详细的设计清单，这样才能把握工作内容和时间进度的安排，保证设计工作的顺利进行，有效地对各个环节进行管理和监督。同时要了解设计规模，计划规模的大小都直接影响到我们对设计的安排，对规模大小的了解包括设计的范围、设计的功能要求、经营和管理的详细计划。

通过对现场资料的研究，对现场的基础设施、配套设备做详细的了解和记录，增加对空间的实际感受。

充分把握设计的全部资料，以便做好详细的计划和安排。

（3）场地分析

场地分析是设计师做设计的依据，是指在场地调查之后对场地特征和场地存在的问题进行分析。只有了解场地的有利因素和不利因素，才能避免设计上出现与场地不符的问题。定位和评估场地的自然特征对景观的格局、构建方式影响极大。场地分析的内容如下。

① 植被。

不同的自然环境有不同的生态系统，植物的生存环境与当地的自然环境有很大关系。植被的生长条件取决于地面土壤和自然的气候，环境的污染也对植物的生长产生不同的影响。景观的规划要根据当地的土壤条件而进行，在自然环境有利于当地植被的情况下，再配以人们需要的必备设施和人工环境，才能创造出有益于城市发展、社会发展、文化进步的人文环境景观。

② 地形。

对地形的了解包括考察地形所处的位置、面积，用地的形状，地表的起伏状况、走向、坡度，裸露岩层的分布情况等所进行的全面调查。

③ 环境气候。

记录场地冬季和夏季的风向特征，了解环境气候的差异性。地域文化对人们的生活有很大的影响，热带和亚热带属于高温气候，人们希望有较好的通风环境，所以景观规划就应注意布局的开敞，夏季主导风向的廊道应架空处理，户外要有开敞的空间。而寒冷地方的城市环境则应采取集中的结构和布局，空间格局应封闭些，更多的是注意防寒设施的建立。

④ 周边环境。

景观及其周边环境的地形、地貌和植被等自然条件常常是景观设计师要考虑的问题，也常常是设计师倾心利用的自然素材。许许多多优美的景观，大都与其所在的地域特点紧密结合，通过精心的设计和利用，形成景观的艺术特色和个性。

⑤ 场地尺寸。

场地尺寸决定着经营的规模，不同的规模决定设计的导向。如果场所不大，我们在设计上就应设计得尽量小巧、温馨而舒适，使客人有亲切感，最大限度地满足场所的需求；如果场所相对大些，在设计上就应大气，在宏观设计理念上，不管是体现人气还是体现场所的气魄都应展现景观的人文精神。场地的尺寸是通过测量来获得准确数据的，也要记录建筑的特征，了解场地和建筑的排水位置、公共设施以及供电的情况，这样才能确定我们作业的范围和边界。

⑥ 原场地景观。

了解原有的景观，考虑它是否能够被保留，是否被我们规划所利用，并分析它的利弊，这些是有好处的。

（4）人文环境的分析

只有明确设计目的，才能明确我们该做什么；只有了解人们的需求，才能明白我们应该怎么做；只有清楚地知道自己的设计方向，才能准确地表达设计理念。景观的人文环境分析主要包括人们对物质功能、精神内涵的需求分析，以及对地域群体的社会文化背景的分析等几个方面。人文环境的分析包括以下几个方面。

① 爱好倾向分析。

包括人们对景观的风格和类型有哪些爱好？对植物有什么偏爱？对运动有哪些喜好？

② 交通工具分析。

研究人们使用什么交通工具便于我们设计时考虑停车面积和自行车位数量的多少，也为地面的铺装收集素材。

③ 人际交往分析。

在设计景观的时候，我们必须了解现代人以什么方式进行交往，是否考虑设计读书角、交谈休息区、娱乐设施、户外餐饮等空间。

④ 服务需求分析。

人们在场所进行一系列活动时，服务需求是必不可少的。包括垃圾箱的多少和距离，生活必需品的存储，是否设立宠物玩耍的地方等。

⑤ 儿童活动区域分析。

儿童活动场地所需的设施包括沙坑、秋千、滑梯等。

准备阶段任务小结

城市住区景观设计准备阶段需要首先学习如何解决城市住区景观设计的目标问题、评价标准以及指标问题、在方案阶段把握住区景观设计的问题以及如何提高住区景观艺术性的问题；其次，在住区景观设计的准备阶段应更系统地掌握前期的准备工作包括如搜集与整理资料、明确设计任务和要求以及学会场地分析和人文环境分析的实践方法。通过本阶段学习，以具备城市景观设计项目综合分析与评价的能力。

任务与实践

以就近一居住区为例，在调查当地气候、土壤和地质条件等自然环境和人文环境的基础上，分析该住区的立意和规划布局，得出对该住区设计优劣的自我见解。

成果与提交

（1）思考在住区景观设计时，如何在经济与审美之间找到平衡。

（2）完成一篇关于居住区景观设计立意的分析报告。

任务二 | 策划阶段

策划阶段任务 能够综合设计的因子完成城市景观设计的定位。

目标与要求 掌握城市景观设计的主题、风格与布局，具备城市景观设计定位的技能与技巧。

案例与分析 嘉怡园别墅景观设计。

嘉怡园别墅区位于江南水乡嘉定新城路街道东部。对于该住区的规划设计构思形成过程归纳如下。

设计目标：具备一定品位和档次。

设计手法：运用艺术手段设计。

设计构思：策划了普罗旺斯文化。普罗旺斯是法国一处盛产葡萄酒的地方，有丰富的历史文化，这种文化主要是乡土文化，即回归原始。设想把华贵的别墅、自然的环境和浪漫的生活跟原始质朴葡萄酒乡联系起来；其次，将这种生活进一步提升，跟艺术联系起来，跟西方“现代艺术三杰”联系起来，画家有毕加索，雕刻家有米罗，建筑师有高迪。借以体现现代人类的生活追求，因为现代艺术的本质是现代人类生活的体现。规划的构思就是通过一个有普罗旺斯特色的地方结合三位“大师”来创造一种氛围。

普罗旺斯的乡土文化

西方现代艺术：画家A有毕加索，雕刻家有米罗，建筑师有高迪

设计风格与定位：该居住区的景观风格有高迪的建筑，有现代派的雕塑、绘画。但是，这并非意味“全盘西化”，在设计的主体框架上还是中国传统的江南园林式，因为嘉怡园地处江南水乡，这一住区景观的核心还是苏式园林。

综上所述，既然要突出住区景观的艺术性，就应当有自己的个性特色。嘉定是江南的水乡，这是该项目基本的景观空间环境骨架，葡萄酒文化也好，“艺术三杰”也好，这是一种外来的引进，但是最终要达到的还是一种以自身特色为主的多元综合，这种特色化、个性化还是源自住区的需求，住区景观规划设计因住户之需而个性化，每一住户需求不同，其景观环境也就应不一样。因此，在本项目中，每一户景观都有特定的园林风格，有东方的，也有西式的。但是大的景观骨架、格局是东方的、具有中国特点的。

知识与技能

住区景观设计策划阶段需要设计师能够通过设计的草图对设计的主题、设计的风格、设计的布局和设计的定位予以淋漓尽致地表达。

1. 关于设计主题的思考

主题是设计项目的中心思想，是为达到某种目的而表达的基本概念，是设计项目诉求的核心。主题是项目设计的脉络和主线，是处于第一位的决定性因素，始终主导着设计的全部活动，在很大程度上决定设计作品的格调与价值。

确立明确的主题思想是设计工作开始的先导，一个成功的设计必须有准确的设计思想和明确的设计方向，主题的构思是我们确立设计的依据。

明确的设计主题确立后，就可以根据主题进行创意构想，构想是否充满智慧，是否具有很深的文化内涵，直接关系到景观作品的优劣与成败。以自己的生活体验和素材的积累大胆想象；以自己充沛的创作情感，找到最佳的创意切入点，反复思索推敲，最终会产生一个卓越的创意构想。

2. 把握设计风格的主流

人类自古就憧憬美好的家园，而园林则成为了人们理想中的居住环境。从传统的古典园林到现代的居住景观，都能反映出不同时期人们精神审美和价值取向的一致性，即“建造人间的天堂”。因此，了解传统园林的脉络和西方现代景观设计流派的思想与手法对我们学习研究现代城市住区的景观设计风格有着重要的意义。

在居住区环境景观的风格方面，作为景观设计师，应与建筑师沟通互动。环境景观设计的风格包括传统中式风格、欧式风格、现代中式风格、现代欧式分格、日式风格等，是在设计之先必须在设计师头脑中清晰确定的。

（1）中式风格

中式风格反映国家民族文化传统、地方特点和风俗民情的景观艺术形象特征和时代特征。

中式风格以崇尚自然为本，形成山水园林意象。其特点是自然式的园林风格，以园林建筑为主体，富于诗情画意并注重意境的创造，景观中的亭、台、楼、榭，小品中的石桌、石凳、藤架，水池中栽植着荷花等都具有典型的中国景观风味。

杭州西湖

（2）日式风格

日式风格的形成是与日本民族的生活方式、艺术趣味以及日本的地理环境密切相关的。日式风格以庭园闻名，庭园在古代受中国文化和唐宋山水园的影响，后又受到日本宗教禅宗的影响，认为山水庭院有助于参禅。日本风格的特点是面积小却别致，旨在质朴、空灵、在通透的庭院里吟咏禅诗，观赏园景。枯山水是日式风格的精华，实质上是以砂代水，以石代岛的做法。用极少的构成要素达到极大的意蕴效果，追求禅意的枯寂美。典型的日式构园要素包括枯山水、樱花和墨松。

（3）欧式风格

欧式风格包括意大利园景风格、法国园景风格和英国园景风格。

意大利园景风格融合了人文主义关于乡村生活的观点，结合地形形成独特的园林风格——台地园。台地园一般依山就势，分成数层，庄园别墅主体建筑常在中层或上层，下层为花草、灌木植坛，且多为规则式图案。规划

日本茶庭：幻与寂的空间，以小见大，以尺寸之地展天地之阔

枯山水

布局常常强调中轴对称，平面严整对称，园林风格为规则式，并注重园林与大自然风景的过渡，因此开阔视野、扩大空间而借景园外是意大利园景中常用的设计手法。

在严格对称格局的意大利园景中，泉水成为最活跃的造园因素。由于位处台地，意大利园景的水景在不断地跌落中形成丰富的层次感。在台地园的顶层常设储水池，有时以洞府的形式作为水的源泉，洞中有雕像或布置成岩石溪泉而富有真实感，并增添些许的山野情趣。沿斜坡可形成水阶梯，在地势陡峭、落差大的地方则形成汹涌的瀑布。在不同的台层交界处有溢流、壁泉等多种形式。在下层台地上，利用水位差可形成喷泉，或与雕塑结合，或形成各种优美的喷水图案和花纹。在道路两侧修筑整齐的渠道，山泉在渠里层层下跌，叮咚作响。它们经常和雕塑、建筑小品结合，装饰大台阶和水池。

植物以常绿树为主，注重俯视图案美，以绿色为基调，很少用色彩鲜艳的花卉，给人以舒适宁静的感觉。

法国园景风格呈现出的华丽宏伟是任何一个国家的园林都难以企及的。其严格的规则性和严谨的几何秩序，使得建筑轴线能统治着园林轴线并一直延伸到园外的森林中。法式风格的水景多为整形的河道、水池、喷泉等，在水面周围种植植物，布置建筑、雕塑，取得倒影效果。植物配置广泛采用整形修剪的常绿植物，花坛、树坛图案精美，色彩多样，路旁和建筑旁多用整形修剪的绿篱、绿墙。

意大利Este庄园

英国园景是以发挥和表现自然美为特征的自然风景园。园林中有自然的水池，略有起伏的大片草地，在大草地之中的孤植树、树丛、树群均可成为园林的一景。道路、湖岸、林缘线多采用自然圆滑曲线，追求“田园野趣”，小路多不铺装，任游人在草地上漫步或运动。园林中善于运用风景透视线，采用“对景”“借景”手法，对人工痕迹和园林界墙，均以自然式处理隐蔽。植物采用自然式种植，种类多以花卉为主题，并注重园林建筑小品的点缀和装饰。

当我们了解了各种不同的景观风格后，在应用上不能照套照搬，而是要结合自身的环境特点，因地制宜地加以利用，塑造出真正体现小区高品质的设计风格。

法式园景

英式园景

3. 权衡设计布局的组织

（1）规则式布置

又称“几何式”或“对称式”布置形式。这种形式主要来源于西方的文艺复兴时期意大利台地园及19世纪法国勒诺特平面几何图案式园林。西方在18世纪英国风景式园林产生之前，都是以规则式园林为主。这种景观布置形式的主要特点是在整个居住区的规划平面上有明显的中轴线，中轴线的内容可以多种多样，大多是整个环境景观的主景。而其他的主团式节点大多是依中轴线前后左右对称或平衡布置；道路多为直线、折线、几何形曲线，由道路所围合成的园地也多呈规则的几何形态；遇到地形高低差则形成阶梯式的台地石阶，其剖面多为直线式；居住区内部的水景外轮廓均为几何形，驳岸形式也多为人工规整式驳岸，有时在欧式风格居住区内配以古希腊雕塑等内容；各种节点小品往往设在轴线的起点、交点或终点；轴线上形成的广场也是主次分明，形状为矩形、圆形等几何形式；植物的种植分成大乔木等距行列，对称式布置，灌木多修剪成几何形体，形成绿篱、绿墙，而花坛多布置色带图案模纹。这是常见的规则式布置的特点。

规则式布置形式的设计方法是轴线法，即以轴线的形式将景观中各要素、各节点组合起来。一般轴线法的布局特点是由整个小区内一条为入口，贯通的主轴线主导全园的景观要素及节点，这条主轴线一般情况下应是垂直的；再有与主轴线相垂直的若干副轴线，其他景观节点则设置在由主、副轴线派生出的支轴线上，或对称或平衡。这种设计方法将使整个居住区产生庄重、开敞的景观感觉。

（2）自然式布置

自然式布置又称作“不规则式”或“风景式”布置形式，这种形式来源于中国古典园林。自然式山水园林自周朝开始，公元6世纪传到日本，18世纪后期又传入英国。这种布置形式运用到现代居住区环境景观的设计中，同样也崇尚“自然天成”“依山就势”“随高就低”的景观效果，游路成曲折自然状分布，遇到高起的山丘则依势造山，在平坦处也可筑起自然起伏、和缓的微地形，地形的剖面是自然曲线形；水体则多呈自然的小溪或湖池，采用卵石沙滩、草坡入水等自然驳岸；道路随地自然起伏、曲折，呈不规则曲线分布，规划中的广场形式也多为自然式轮廓；植物的种植方式多采用均衡布局，乔、灌木多以孤植、丛植、群植、密林等形式效法自然，讲究意境之美。

规则式布局形式

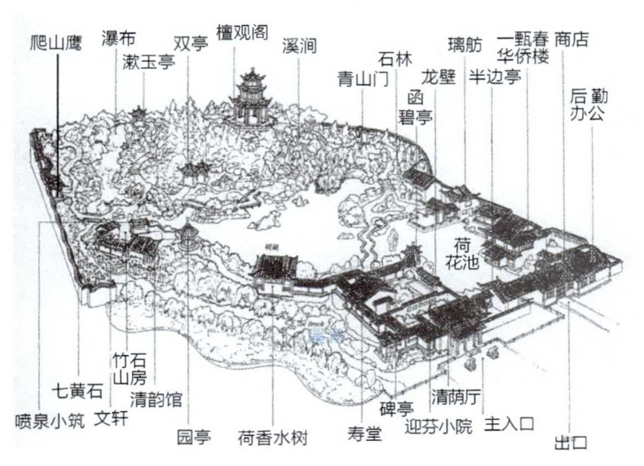

自然式布局形式

自然布置形式采用的设计方法是山水法。其最大的特点是将人工造景和自然景色两者巧妙结合，达到一种“虽由人作，宛自天开”的效果，以山体、水系作为全园骨架，所有景观要素则围绕山水展开。在居住区用地内，能保留有山体、水体实属不易，有些开发商为了追求利润最大化，不断提升容积，将原有山体植被无限制地推平破坏，使现在的居住区环境难见自然形态，所以山水法在现代居住区内难以实施。

（3）综合式布置

综合式布置也称混合式园林，指在整个景观规划设计中，既有规则形式也有自然形式，主要是结合地形考虑，在原地形平坦处根据需要安排规则式布置形式，在地形原有的起伏不平处结合地形形成自然式布置，在整个景观总平面中没有形成占主导地位的主中轴线、副轴线，采用的设计方法也是综合的，称综合法。现代景观设计手法由于东西方文化的交流，取长补短，呈现多元化，更加灵活多样。现代居住区景观设计，为了使整个居住环境具有山水野趣，可考虑模拟自然山水的方式，而其他区域则可采用轴线法。综合法是现代居住区景观设计常用的方法。

综合式布置

（4）居住小区的空间布局

① 居住小区空间布局的形式。

居住小区的空间布局问题，主要解决的是单个小区中院落空间的分布和设计问题。院落空间是小区空间构成的基本形式，它由建筑、围墙等实空间要素与透空花墙、栅栏、绿篱等柔空间要素或与虚空间要素围合而成，形成独立于外界环境的空间，人为地创造了一个小环境。不同的小区，因其地形、地貌、气候条件的不同，其所在地的经济、文化发展情况和地方传统、民俗特点的不同，而设计出的院落空间。小区的规划布局形式一般有两种，即小区—组团式和独立式组团，与之相适应，小区院落群体组织常采用梯级院落组织形式，由宅间院落—邻里院落—组团院落—小区院落等逐级构成。由于小区用地规模、建筑层数和布局形式不同，梯级划分也不同，一般可按四级或三级或二级的级差来组织院落空间。

最基本的院落单元是宅前、宅间院落。低层的宅间院落只服务数十户，多层、小高层宅间院落则可能服务近百户、百多户，而高层围合的宅前、宅间院落服务可达数百户乃至数千户，因而梯级院落组成和层数的关系很大。若干个低层和多层的宅间院落单元，构筑一个邻里院落单元；两三个邻里单元围合一个组团院落空间；若干个组团单元组建一座小区大院落。高层围台的院落，可以独立组成一个小社区，若以组团单元参与围合，几个高层组团则可组成一个大的社区。

梯级院落组织手法有明确清晰的规律和秩序，在空间创作中，往往分解为宅前、宅间、邻里、组团、小区（或小社区）级院落来进行设计。

② 院落空间。

若是供给一户所用，则是私用院落；若是供给邻里单元及小区共用，则是公用庭院（公共绿地）。

私用院落在我国传统民居中，院落围台是其主要特征之一。北京的四合院，四面围合，呈闭合状，对外封闭，对内开敞，以内院组织正房与东、西厢房和南房，各有主次分工。傣族民居院落是另一种形式：以架空的竹楼（住宅）为中心，院内种植芭蕉、咖啡、柚子、柑橘等果树，竹林一片青翠，组成宅间的天然屏风，环境幽雅，恬静舒适，四周以栅栏围合成院，呈现虚包实的围合形式。

中国传统的家族宅院，常组合成套院的形式，有明确的轴线，以院落为单元，用巷、廊为纽带，形成院落组合系列，层层相套，虽是方形组合，然而极富韵味，统一中多变化。大的宅子，有前庭、中庭、侧院以及后花园，通过房、廊和围墙来围合界定空间。现代住宅的私用院落形式，在别墅和低层住宅中采用独院型布置，私用院落是低层住宅的特有优势，院落中间给人以安定感，它扩大了居室生活的活动范围，直接和自然接触。有小院的家庭特别是在南方，白天几乎有一半的时间在庭院中活动，休息、家务、文化生活等都可在庭院中进行，是儿童、老人最喜欢的家庭生活活动场地。

私用院落的特殊形式——大阳台和屋顶花园，是专为住楼房的住户考虑的，虽然离开了自然的土壤，但仍可以争取到与风和阳光的直接接触。利用挑出的大阳台，复式建筑的屋面空间用栏杆、女儿墙围合，既用以限定空间，又起安全保护作用。大阳台的朝向应为东或南向，早可观日出，晚可纳凉，日照条件好。阳台应面向环境优美的一面，既可观景，又能呼吸新鲜空气。空中庭院可以用于低层、多层和高层，由于其视环境高度不同，而呈现不同的景观要求和观景效果。

公用院落是聚居形式的重要活动空间，不仅起到供人们户外活动的作用，而且又是人们休闲和交往的场所。公用院落的围合，从形式上看，类似私家院落的围合方式，但在空间尺度上却相差很大，它是以楼为单位进行围合的。低层住宅楼每栋可容8～12户，多层一栋可达30～60户，而高层每栋则可以达到200户，不同体量建筑的围合，在空间尺度上相差数倍乃至数十倍。低层围合的小型院落，在空间尺度上有亲切宜人感，几十户相聚组成一个小的邻里单元；多层围合的庭院，可容纳百户，用地比较宽敞，可以布置小型广场、绿地等；高层围合的院落，应称之为“中心绿地”，这3种院落用来表示不同大小尺度的围合空间。

③ 公用庭院空间围合的基本形式。

a. 单栋建筑的庭院围合。

庭院和建筑相对应，或庭院包围建筑，建筑成为庭院中的大型雕塑物，高层、塔式建筑处于较为独立的地块可用这一形式。如北京百环公寓为空旷式围合，单栋高层共200余套房，外庭院包围单栋高层的空间形式，采用楼周边开敞式绿地布置是必然的选择。

b. 两栋建筑的庭院围合。

两栋建筑前后并排围合，或呈曲尺形围合，组合成两端成直角边式的半空旷围合。

c. 三面建筑的庭院围合。

中、左、右三面围合，形成拥抱状的稳定的三合院院落空间。

d. 四周建筑的围合。

这种围合呈现封闭、稳定的院落特征。在建筑围合中，围墙、栅栏的参与，起到增强院落领域感的作用。如北京安慧北里居住区，居住建筑采用了三面围合和四面围合的院落形式，有的独自成院，有的用两组、三组小院相互拼合成一个相互连通的大院落。

e. 多栋建筑的组合形式。

多栋建筑的组合形式在低层、多层社区中运用最广泛。一栋3～5层的建筑，一般为20～60户，要组成一个200～300户的组团单元，常用6～8栋建筑组合形成。其组合形式又分为以下几种。

行列式。这种形式在南方和北方都被广泛使用。其特点是特别重视建筑的朝向、通风和各户方位环境的均衡性。建筑按规定的日照间距，等距离成行成列布置，故形象地称之为“行列式”。这种布置方法比较简单，用地方整、紧凑，内部小路横平竖直，院落呈现两栋前后围台的半开敞布置，前后左右重复排列。有的住宅区，数十栋一律如此，如同“兵营”，显得有些雷同和单调。因而在布置时常采用局部L形排列、斜向排列、错动排列、与道路呈一角度排列或用点式建筑参与布局，使其变得生动、多样的同时，又保持了它的良好朝向。

这种形式的住宅朝向、间距、排列较好，日照通风条件较好，但是路旁山墙景观单调、呆板。绿地布局可结合地形的变化，采用高低错落，前后参差的形式，借以打破其建筑布局呆板、单调的欠缺。

周边式。建筑沿着道路或院落周边布置的形式称周边式。这种形式有利于节约用地，提高居住区建筑面积密度，形成完整的院落，便于公共绿地的布置，能有良好的街道景观，也能阻挡风沙，减少积雪。但这种布置有一重大缺点，就是一些居室朝向差及通风不良，因此必须加以改良，即以四面围合的周边式为基形，组合成双周边式或半周边式。前者加密建筑，提高容积率，保留中心大院；后者以南北向为主，加一东西向建筑，组成三合院落，或以两个凹形建筑对称拼合，形成中心院落。这两种形式，是在保持中心庭院的前提下，在朝向上和提高用地效率上的改良形式。

异性建筑形式的组合布置。异性建筑形式是指建筑外形不规整的居住建筑形式，如L形、凹形、弧形、Y形等。用它们参与空间的围合，能形成更为丰富的空间组合形式。如L形相互组合，形成四边围合，两角自然通透；凹形使两栋建筑相对或平行组合，前者形成中轴感强的方形内院，后者则形成半周边围合小院；弧形相对的行列布置，其效果和行列排列大不一样，空间围合内聚力强，明确地划分为内向和外向空间；Y形的组合则形成多边形的全围合或半围合形式。这些建筑形式的自身排列及参与排列，产生不同的空间效果。

散点式。结合地形，考虑日照、通风，将居住建筑自由灵活地布置，其布局显得自由活泼。建筑体量较小（多为低层和多层），长宽比接近时这类建筑形式常被称为散点式。在群体布置时，形成似围非围的相互流动的院落空间效果，在地形起伏变化的地段，更适于采用这种布置形式。

在实际规划设计中，群体组合是根据不同的地区、地块、地形条件来进行的。有时为追求空间变化而采用多样的围合形式，如半周边和行列式的拼合，既形成一个较大的院，又不降低容积率；又如点式和行列式的组合，不但能获得开敞宽阔的庭院，并且又多一种房型可供挑选。

4. 明确设计定位的技巧与方法

我们把所收集的资料（场地分析、人文环境分析、相关资讯）进行整理，根据掌握的信息进行可行性分析和研究，然后进行设计构思，以确保景观设计的定位。

景观设计不仅仅是设计，而是一种文化，这是景观规划设计的最高境界。

景观设计不只是形式与功能的区域设计，作为一个区域文化建设的元素，更是启动人们理想与行动的根源。所以设计主题定位就要根据区域的历史文化与时代的传承，来造就区域空间环境与文化的延续，以便设计出区域人文与时代相融合的景观空间环境。

例如，中式风格定位的确定方法可以先从设计思想进行考虑，包括儒家思想、道家思想、民俗民风等，以它们为代表的设计要点就是追求一种自然化、人性化和个性化的设计。结合住区景观环境设计，自然化就是要把自然融入住宅，人性化就是满足住区内使用人群的内在要求，而个性化就是归属感的体现。

设计思想切入点如下。

儒家思想——儒家在处理建筑、人和环境的关系时，所倡导的“天人合一”的思想强调人与自然、社会环境的协调和统一。

道家思想——“道法自然”是道家哲学的核心，道家的思想方法和对世界本质的理解正是建立在“道法自然”这一观念之上，基于这个指导思想，景观设计的目标就是将个人的情感以恰当的方式表达。

民俗民风——即民风世俗，亦即民间的生活习俗，它具有特定的意义。因此，传统装饰吉祥图案也可以说是民俗的“人文景观”的一个形象世界。

通过对设计思想的提炼与升华找到景观设计的要点，从而全盘把握设计的核心与手段。

设计的要点如下。

儒家思想——自然化——把自然融入住宅
- 设计核心：生态、自然
- 设计手段：植物造景、山石、动物、水体

所以住区定位首先应绿满全景，而不是一堆硬质铺装，住户花钱买到的应该是氧气、是绿色、是植物四季变换带来的丰富多彩。

道家思想——人性化——满足内在需求
- 设计核心：满足内在需求，以人为本
- 设计手段：空间内容设计及艺术化处理

人性化的设计手段就是提供丰富的空间和丰富的内容以满足人们的行为活动。具体而言，人性化的空间设计手段就是要对空间进行艺术化的处理，如运用不同的空间组织手段，像台地空间、下沉空间、开放空间、动态空间等，以丰富空间设计，改善室外环境。丰富的内容设计其一是围合与屏蔽，即要有一种围合感与维护感，其二是界缘与依靠，因为人们总是希望靠近身旁的一颗树或一堵矮墙或是一个建筑物，这是人们的天性。

民俗民风——个性化——找回归属感
- 设计核心：找回归属感
- 设计手段：个性化设计

一个好的居住区景观设计除了为居民创造舒适的物质环境外，还应该考虑这些设计的社会功能对人们精神和心理上的作用，所以设计上要求强化环境的识别性，融入空间意向的培育、深化对传统空间技巧的借鉴。

5. 完成草图的构思表现

草图构思表现可以分两个阶段进行。第一阶段，根据调查和收集的基地环境材料进行归纳整理和分析，找出创意的突破口；第二阶段，定风格基调，导出设计兴奋点。设计构思阶段包括：了解设计对象，了解市场的需求，了解使用人群的需求，了解经营者的要求。

策划阶段任务小结

本阶段要求掌握城市景观设计的主题、风格与布局，能够综合设计的因素完成城市景观设计的定位。同时，设计时要有一个全局观念，掌握必要的资料和数据，从最基本的人体尺度、流动线、活动范围、设施与设备、尺寸和使用空间设计等着手，具备城市景观设计定位的技能与技巧。总之，城市住区景观设计策划阶段是在做好了一系列准备工作之后，能够在较高起点对设计进行思考和着手的方法。

任务与实践

（1）分析一套城市住区景观规划设计方案，了解在设计中主题的确定及风格的定位。

（2）在设计中如何运用地方民族元素？

任务三 | 设计阶段

设计阶段任务 能够完成项目设计及项目详细设计制作。

目标与要求 具备景观设计师综合职业能力。

案例与分析

居住区景观设计是一项综合性较高的设计内容，对于景观设计师而言，需要归总所有前期准备阶段及策划阶段的内容并将其予以综合表达。如何对居住区景观设计进行综合设计与表现是设计阶段要完成的任务。

以下以杭州三堡云峰家园景观设计为例进行讲解。

概况：三堡云峰家园是农转居的经济适用房，位于杭州市江干区三堡，北面为规划道路，东临规划创新路，西接规划下宁路，规划总征地面积57 000m^2，建设用地面积38 000m^2，绿地面积为13 300m^2，绿化率为31%，该项目设计方案主要是从经济性、实用性、美观性3个方面进行设计。

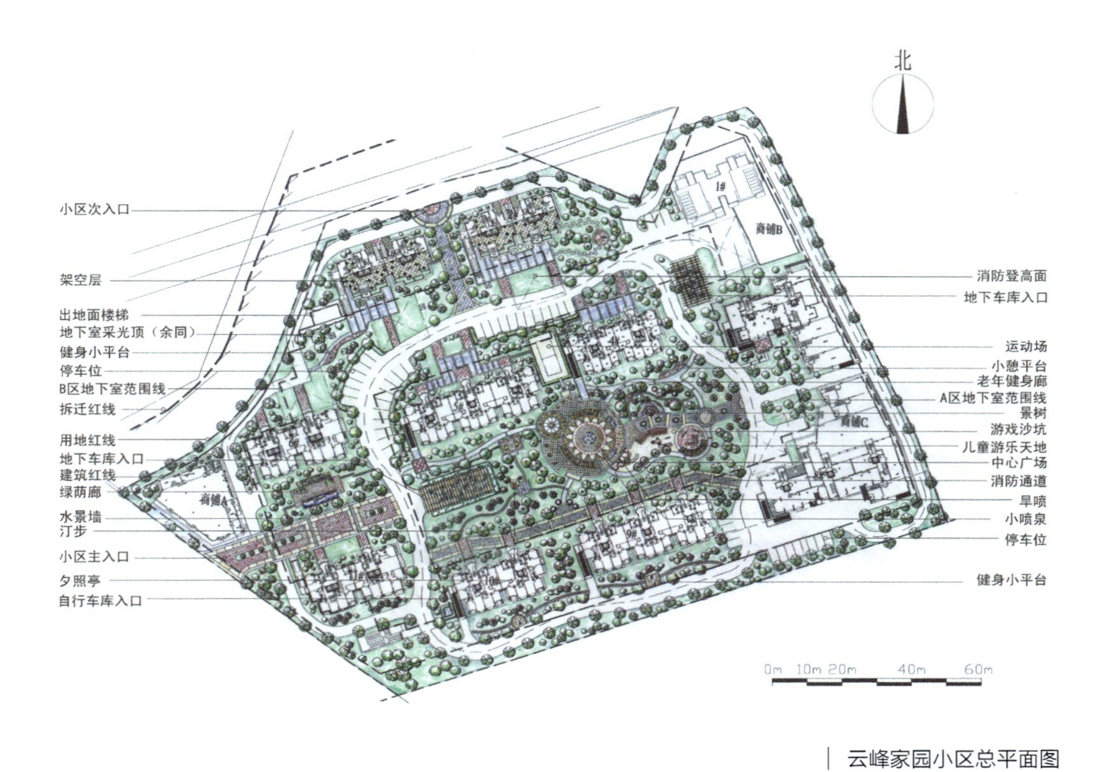
北
小区次入口
架空层
出地面楼梯
地下室采光顶（余同）
健身小平台
停车位
B区地下室范围线
拆迁红线
用地红线
地下车库入口
建筑红线
绿荫廊
水景墙
汀步
小区主入口
夕照亭
自行车库入口
消防登高面
地下车库入口
运动场
小憩平台
老年健身廊
A区地下室范围线
景树
游戏沙坑
儿童游乐天地
中心广场
消防通道
旱喷
小喷泉
停车位
健身小平台
商铺A
商铺B
商铺C
0m 10m 20m 40m 60m

云峰家园小区总平面图

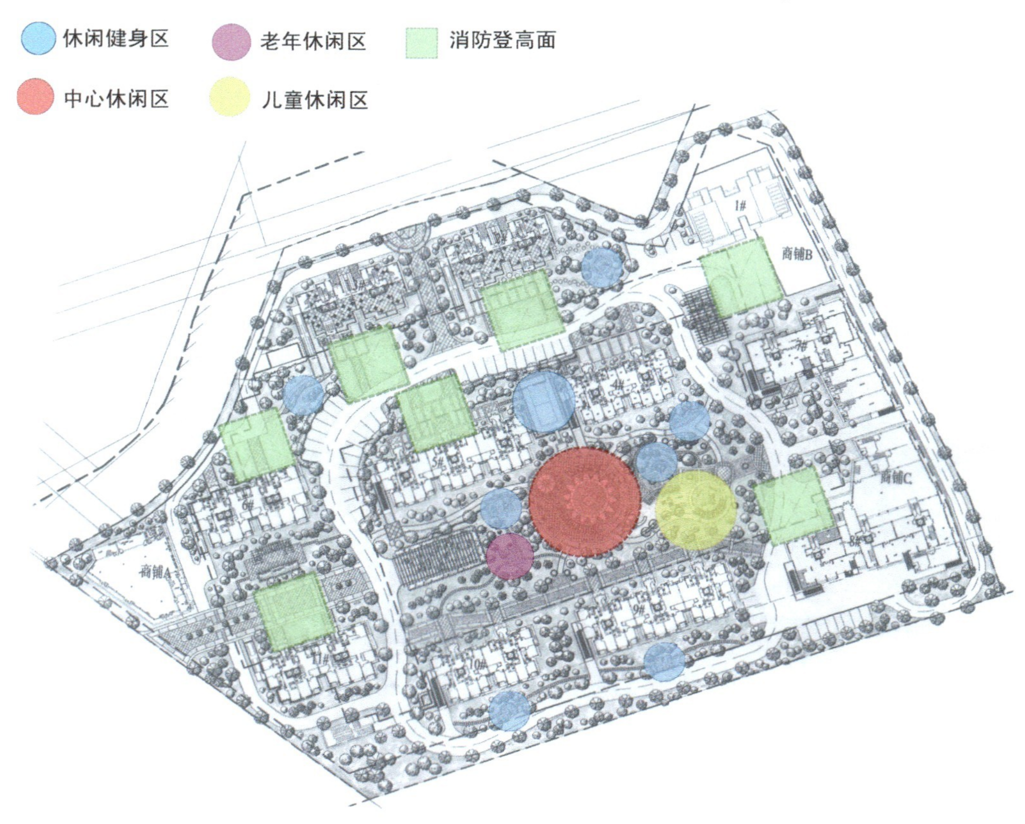
休闲健身区
老年休闲区
消防登高面
中心休闲区
儿童休闲区
商铺A
商铺B
商铺C

云峰家园小区功能分析图

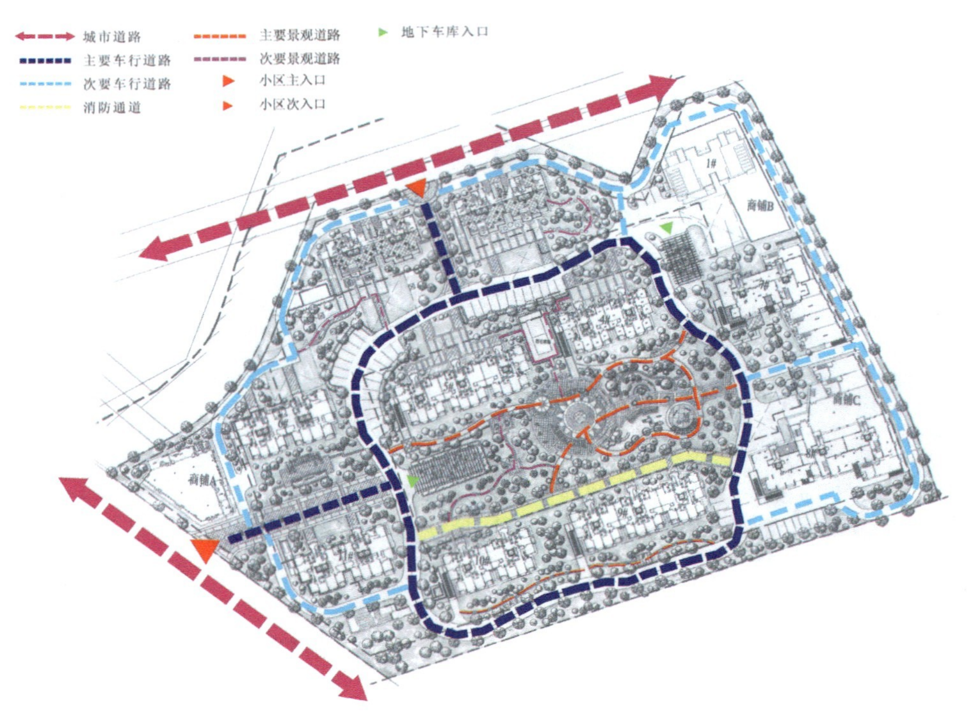

云峰家园小区交通流线分析图

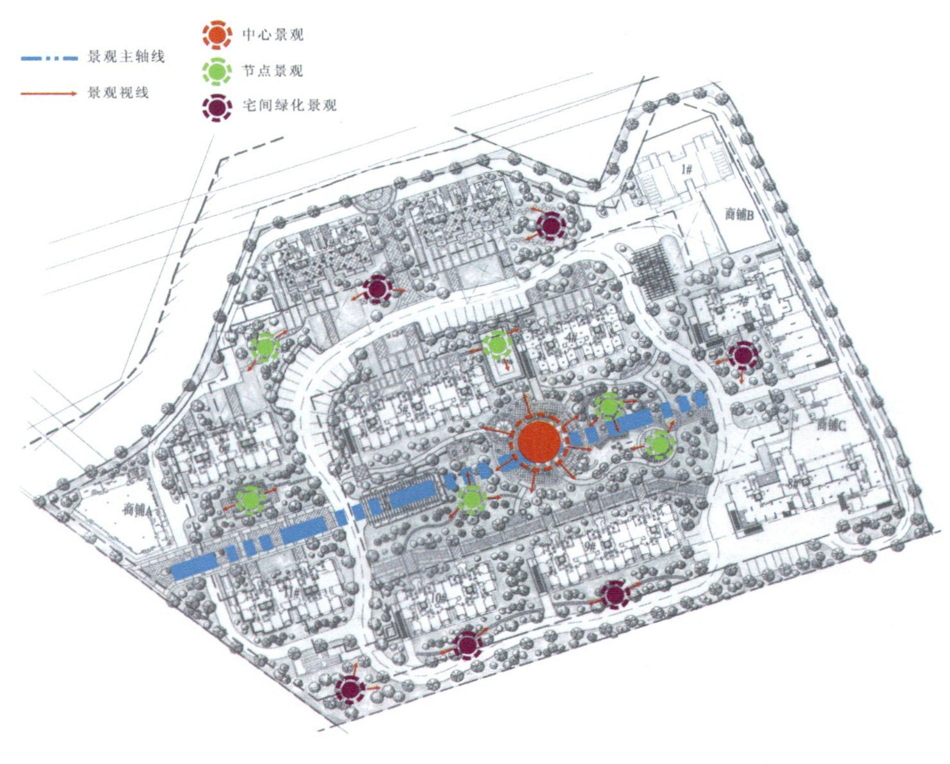

云峰家园小区景点分析图

云峰家园小区植物配置设计意向图

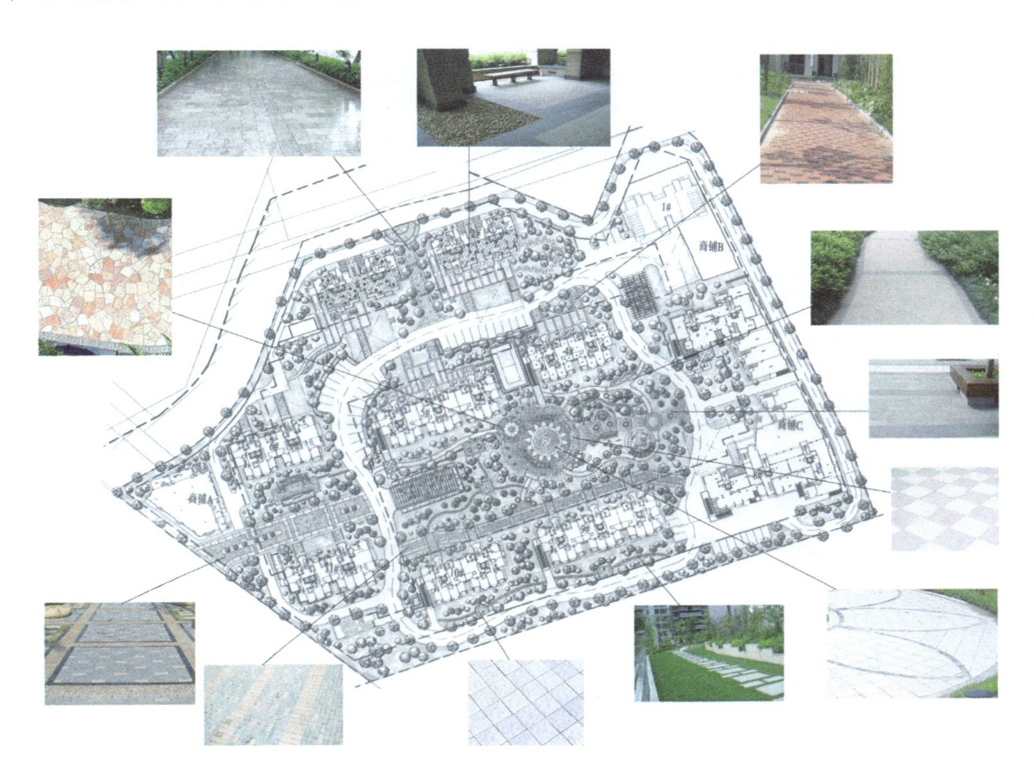

云峰家园小区地面铺装设计意向图

云峰家园小区小品设施设计意向图

中心广场景观鸟瞰图

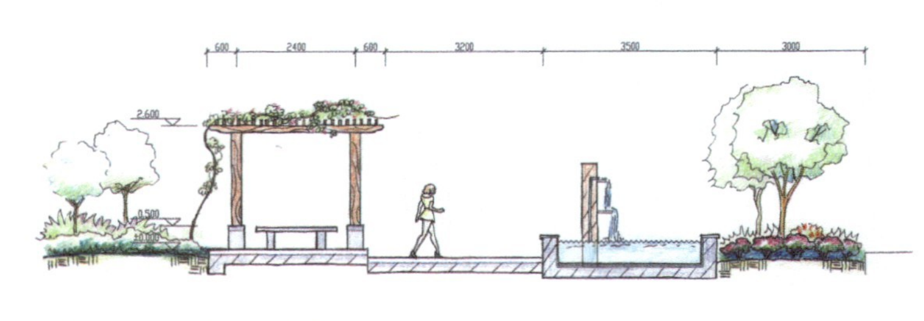
主入口水景墙设计剖面图

由云峰住区案例可以看出，设计分两个阶段进行，第一阶段是项目设计阶段，第二阶段是项目详细设计阶段。项目设计阶段的设计内容包括：小区总平面图、小区功能分析图、小区交通流线分析图、小区景点分析图、小区地面铺装设计意向图、小区小品设施设计意向图、小区植物配置设计意向图。项目详细设计阶段内容有鸟瞰图及主入水口景墙设计剖面等。

知识与技能

城市住区景观设计需要在进行资料分析、设计构思的基础上进行方案初步设计，初步方案设计阶段包括设计概念、主题、规划内容的设定，规划轴线、流线与空间功能布局，主题思想与具体表现形式定位。

方案设计成果内容包括规划设计说明、景观规划总平面图、各类规划分析图（现状、交通、功能、绿化等）、各类效果图（总体鸟瞰图、重要节点透视效果图、剖立面效果图等）、各类设施示意图（铺装、环境设施、小品等）。设计师具体设计制作能力包括以下几方面。

1. 总规划平面图设计制作

在这一过程中，设计师可以在研究自然和人工景观相互关系的过程中，互相启发思路和纠正错误。经过这轮加工后，再由组织者对各方面进行协调，并在提出的设计主题构思中尽可能给予完善，最终达成统一的表达，绘制出总平面规划图。因此，总规划平面图是主要表示整个建筑基地的总体布局，并具体表达新建房屋的位置、朝向以及周围环境基本情况的图样。总规划平面图的主要内容有：表明规划项目区的总体布局，用地范围、各建筑物及景观设施与景观建筑的位置、道路、交通等相互协调的总体布局。

2. 景观功能分区设计制作

根据总体设计的原则、现状图分析，根据不同年龄阶段游人活动规划，不同兴趣爱好游人的需要，确定不同的分区，划出不同的空间，使不同空间和区域满足不同的功能要求，并使功能与形式尽可能统一。

景观的功能分区对每个项目的景观设计都十分必要，例如，我们将一个公园分区为人口广场区、水上活动区、安静游览区、文娱教育区、体育健身区等；我们也常将一个居住小区的景观分为入口活动区、中心活动区、亲子活动区等。

另外，分区图可以反映不同空间、分区之间的关系。功能分区图以性质说明为主导，可以用抽象图形或圆圈等图案予以表示。

3. 道路与交通分析图设计制作

居住区道路作为车辆和人员的汇流途径，具有明确的导向性，在满足交通需求的同时，可形成重要的视线走廊，能够产生道路两侧的环境景观，应符合导向要求，道路边的绿化种植及路面质地色彩的选择应具有规律感和观赏性并达到步移景移的视觉效果。

道路的设计要点，首先应以小区的交通组织为基础，在满足居民出行和通行要求的前提下充分考虑其对小区景观空间层次和形象特征的建构与塑造，以及街道空间多样化使用的影响和所起的作用；其次，小区的道路布局应遵循分级布置的原则，与小区的空间层次相吻合。应充分考虑周边道路的性质、等级、线型以及交通组织状况，以利于小区居民的出行与通行；再次，道路布局结构应考虑城市的路网格局形式，使其融入城市整体的街道和空间结构中；最后，道路设置在规划中起支配和主导作用，在考虑道路的分级、道路走向、道路网布局、道路形式时，必须同时考虑住宅组群的空间组织、景观设计、居民的活动方式，也应同时考虑各个中心公共绿地的形态、出入口、面积大小等因素。

交通分析图的制作，首先在图上确定场所空间的主要出入口、次要出入口和专用出入口。还有主要广场的位置及主要环路的位置，以及作为消防的通道。同时确定主干道、次干道等的位置以及各种路面的宽度、排水纵坡，并初步确定主要道路的路面材料、铺装形式等。图纸上用虚线划出等高线，再用不同的粗线、细线表示不同级别的道路及广场，并注明主要道路的控制标高。

交通分析图就是表示项目区域的交通道路分布状况是否达到人车合理分流的目的。交通道路分布主要根据项目的规模、位置以及人、车的日常行为规范等来确定。一般来说，景观规划设计中的交通道路有大型车辆专用的主干道、项目区域内的车行道以及休闲漫步的步行道。

4. 绿化种植设计意向图设计制作

根据总体设计图的布局、设计的原则以及苗木的情况确定整个项目的总构思。居住区绿地是指在居住区用地上栽植树木花草用来改善地区小气候并创造自然优美的绿化环境。我国城市居住区绿化率要求大约为30%。绿地即种植绿色植物的场地还包括绿地上的活动场地、风景建筑、小品和步行小径等。居住区绿地是城市绿地系统的重要组成部分，它在城市绿地中所占的比例较大，其布置方式直接影响居民的日常生活。

种植总体设计内容主要包括不同种植类型的安排，如密林、草坪、树林、树群、树丛、孤立树、花坛、花境、路边树、水岸树、种植小品等内容，确定项目的基调树种、骨干造景树种，包括常绿、落叶的乔木、灌木，花草等。

5. 地面铺装设计意向图设计制作

地面铺装意向图是为了表达规划项目区域地面适应高频度的使用，避免雨天泥泞难走，给使用者提供适当范围的坚固的活动空间，通过布局和图案引导人行流线基本的图样。

6. 景观设施设计意向图设计制作

景观设施意向图是对规划项目区域的公共设施，如垃圾箱、座椅、健身器材、公用电话、指示牌、路标等设计预期所达到的效果的基本图样。

7. 照明设计意向图设计制作

灯光照明并不一定以多为好、以强取胜，关键是科学、合理、安全。灯光照明设计是为了满足人们视觉生理和审美心理的需要，使景观空间最大限度地体现实用价值和欣赏价值，并达到使用功能和审美功能的统一。所以，照明设计意向图就是体现规划项目照明设计所要达到使用功能和审美功能的统一预期效果的基本图样。

8. 鸟瞰图设计制作

设计者为更直观地表达项目设计的意图、设计中各个景点、景物以及景区的景观形象，通过钢笔画、铅笔画、钢笔淡彩、水彩画、水粉画或其他电脑绘图形式表现，都有较好效果。鸟瞰图制作要点如下。

/ 无论采用一点透视、二点透视或多点透视，轴测画都要求鸟瞰图在尺度、比例上尽可能准确反映景物的形象。

/ 鸟瞰图应注意“近大远小、近清楚远模糊、近写实远写意”的透视法原则，以达到鸟瞰图的空间感、层次感、真实感。

9. 节点（局部）效果图设计制作

局部效果图也就是详细设计的图样，主要针对主要的景观、景点的三维效果图的设计制作，使客户对方案的各个景观节点或局部具体直观地了解，充分地说明设计师的创意和设计意图。

10. 大样图设计制作

对于重点树群、树丛、林缘、水景、亭、花坛、花卉等，可附大样图。要将群植和丛植的各种树木、水景、亭等位置画准，尽可能注明材料、尺寸等，并作出立面图，以便施工参考。

11. 设计总说明

说明书的内容是初步设计说明书的进一步深化。说明书应写明设计的依据、设计对象的地理位置及自然条件，项目绿地设计的基本情况，各种项目工程的论证叙述，项目绿地建成后的效果分析等。

设计阶段任务小结

城市住区景观设计阶段的任务包括总规划平面图设计制作、景观功能分区设计制作、道路与交通分析图设计制作、绿化种植设计意向图设计制作、地面铺装设计意向图设计制作、景观设施设计意向图设计制作、照明设计意向图设计制作、鸟瞰图设计制作、节点（局部）效果图设计制作、大样图设计制作、设计总说明等。通过本阶段的学习能够完成项目设计及项目详细设计制作，掌握一名景观设计人员应具备的设计能力。

任务与实践

拟对一居住小区游园进行规划设计。

成果与提交

（1）先确定整个居住小区景观设计的理念和主题，再确定各分区和景点的设计思路，各分区规划设计的思路要与小区的设计理念和主题协调。

（2）比例尺自定。

（3）景观植物设计应尽量利用当地现有植物。

（4）平面规划图2～3张，选取其中一张绘效果图。

（5）景观小品的效果图一张，表现手法不拘。

（6）不少于500字的文字说明。

任务四 | 文本编制阶段

文本编制阶段任务　能够完成设计的汇总与编制。

目标与要求　具备设计汇总与编制的能力。

案例与分析

下面以亲亲家园住区景观设计案例文本的编制为例进行讲解。

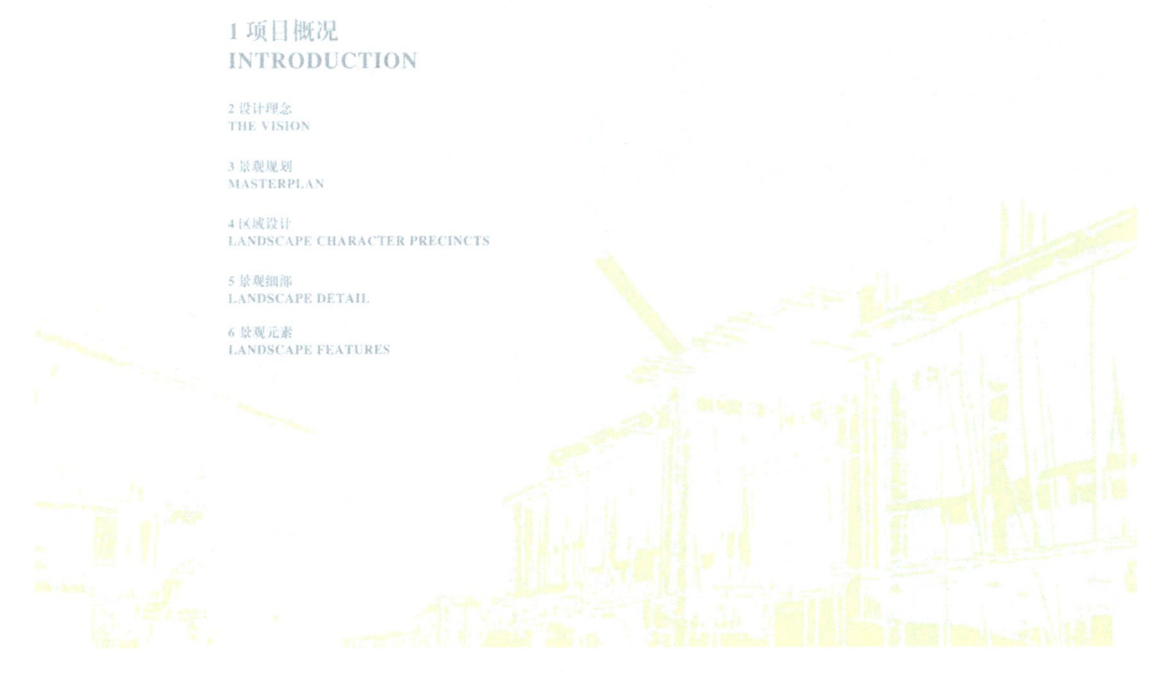

1 项目概况
INTRODUCTION
2 设计理念
THE VISION
3 景观规划
MASTERPLAN
4 区域设计
LANDSCAPE CHARACTER PRECINCTS
5 景观细部
LANDSCAPE DETAIL
6 景观元素
LANDSCAPE FEATURES

目录

基础概况 THE SITE

宁波亲亲家园系坤和建设集团系杭州“亲亲家园”成功推出后，该系列的最新升级版，延秉亲善美建设和谐家园这一理念的又一巨作，要比杭州亲亲家园，宁波亲亲家园有如下地理位置及环境特色：

▲ 基地位于宁波市江北区洪塘镇南侧，姚江北侧，总用地面积 15.53 公顷，东临洪都路，南规划北外环路 30 米绿化带，西至 12 米规划道路，北临 36 米规划道路。

▲ 基地自然地貌为农田，周边地势平坦，河道水质基本良好。

▲ 周边配套齐全，交通便利，适合居住。

▲ 建筑设计延续杭州亲亲家园质朴、稳重、欧洲小镇建筑风格。

基础概况

现场环境 LOCALE CIRCUMSTANCE

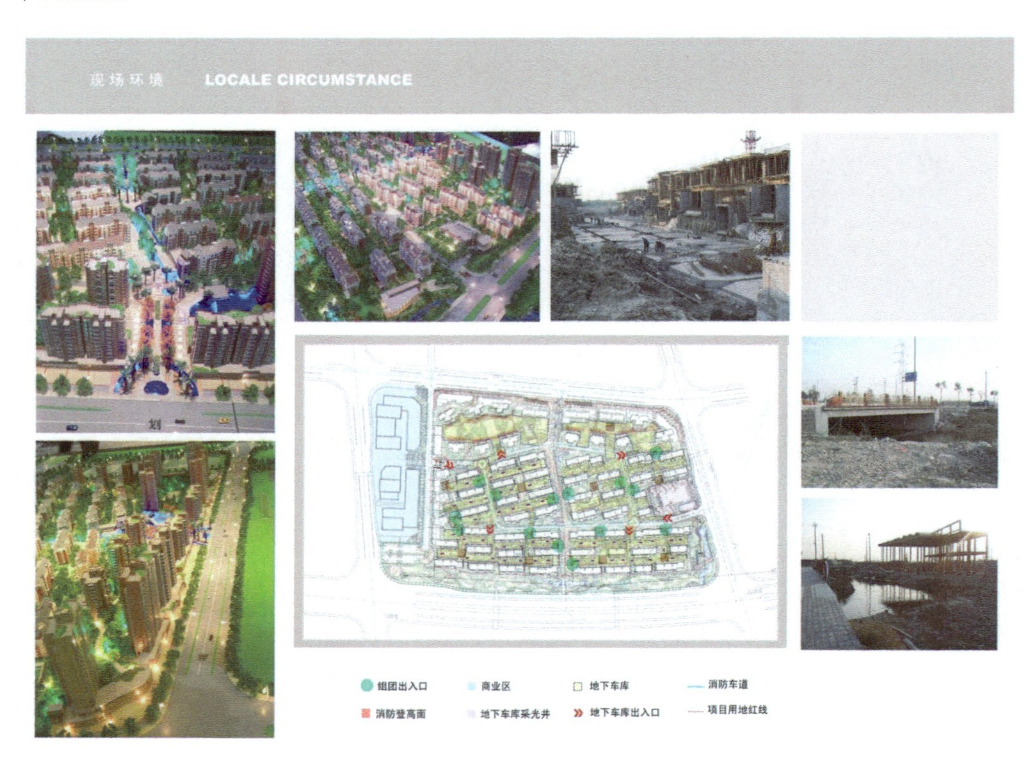

现场环境

目录之设计理念

设计理念 DESIGN PHILOSOPHY

“充满亲、善、美，建设和谐家园”，宁波亲亲家园景观设计灵感来源于欧洲现代开放、轻松、闲逸的户外生活方式，结合“街坊小院，都市邻里”的设计构想，将宽敞的开放空间与自然亲切的景观天地相结合，营造现代都市环境的绿洲。

宁波亲亲家园强调现代化的社区功能与生活需求，渲染质朴亲切的街坊生活氛围，营造建筑、景观、人三者和谐生存的氛围，使“亲亲家园”成为该居住模式的典范，通过层次分明的空间序列组合贯通，使居民和来访者真正享受到这一轻松的户外生活方式。

从最基本的布局到细部元素的设计，现代都市生活型居住环境和轻松休闲的生活方式在设计的每一细节都体现的淋漓尽致，植物叶每季相变化分明与现代材料及设计的融合，对建筑的呼应，更展示了这一开发的独特风格。

设计理念

目录之景观规划

景观总体规划平面 LANDSCAPE MASTERPLAN

▲ 规划中的景观总体规划采纳了与建筑规划的格局模式与类似的功能化设计，现代都市街区和水景设计启迪于建筑规划及杭州亲亲家园风格。

▲ 一系列不同功能的使用空间，包括公共空间、组团空间、邻里中心等可作为社区交往活动娱乐、休闲、消遣之用。

▲ 多层次不同空间的设置可满足不同年龄组的使用需求。

▲ 所有公共景观、组团景观、邻里景观的设计将达到高度可行性和安全性。

▲ 大面积绿化为主功能化硬地为辅，点缀丰富多样的主题景点，有效的控制景观的整体效果和层次，形成有趣的景观系统。

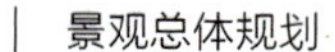

景观总体规划

总平面图 MASTER PLAN

住区景观总平面图

视线分析 LANDSCAPE CONCEPT ANALYSIS

景观视线分析
一系列不同空间的塑造，根据空间所承担的区域功能设计，并尽可能对视线进行引导形成有层次、丰富的景观效果。同时承担起社区形象活动的功能，区分公共、组团、邻里等层次空间，并有效组织成系统。
景观节点
视点及视角
重点景区
水景区

住区景观现状分析

区域分布　LANDSCAPE CONCEPT ANALYSIS

区域分布

一系列户外“房间”将成为本基地室外空间的组成区域，每个区域体现不同的特色和形象，担负层次分明的公共组团、交通的使用功能，以建筑规划为蓝本，提升与组织空间区域，达到景观与建筑的和谐。

住区景观区域分布

流线分析　LANDSCAPE CONCEPT ANALYSIS

流线分析

明确主交通环道，主要出行出入口，人行出入口，及其不同各期开发的多层次交通的合理连接引导车行和人行走面。

明确清晰的车流与人行系统及消防需要的布局，减少交叉、浪费，达到快捷、简明、功能的理想需要。

强有力的视觉轴线和表达形式，将不同的区域融合成一体化的独特景观。

通过特色树木，灌木、水景、特色铺地，家俱和灯饰等界定每一通道的特色。

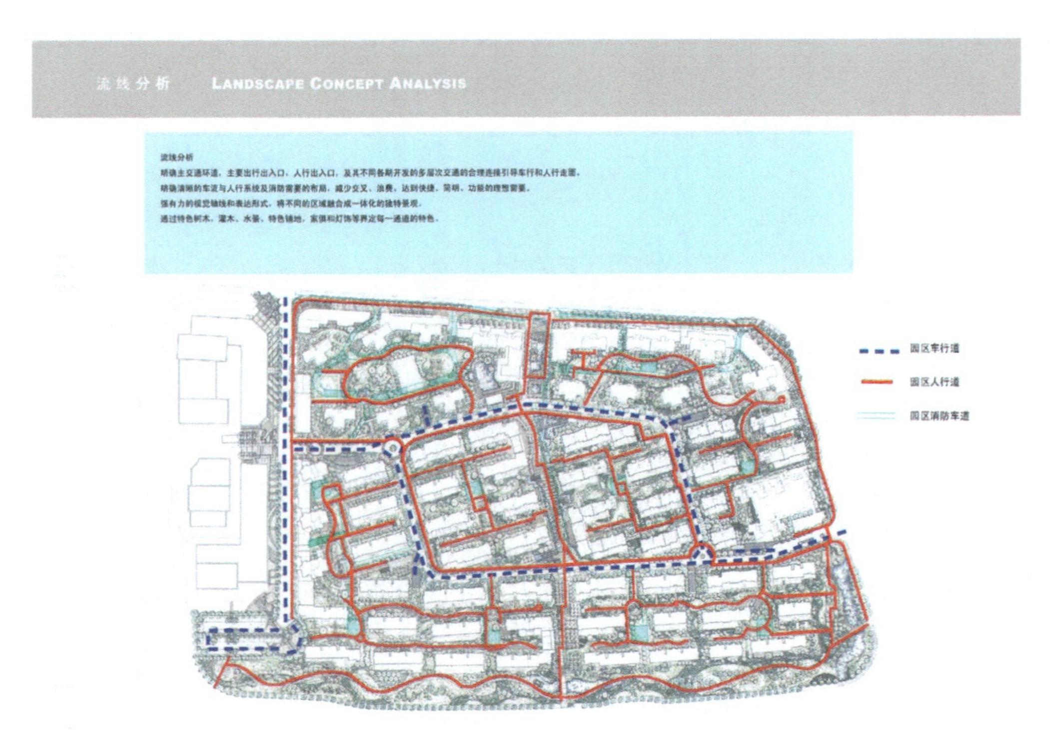

住区景观流线分析

竖向设计以建筑规划标高为依据，解决室内外空间竖向变化并服务不同层次的空间感受，并有利创造自然的地形效果，形成景观特色。

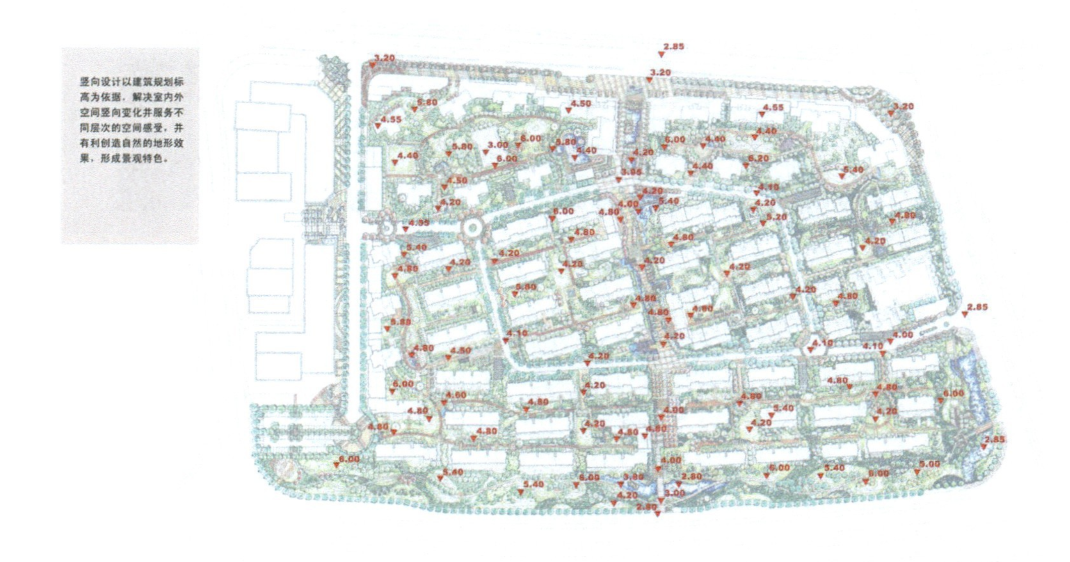

住区景观竖向设计

目录之区域设计

坤和大街　LANDSCAPE CHARACTER PRECINCTS

区域设计之坤和大街

30M城市绿化带　LANDSCAPE CHARACTER PRECINCTS

图例：
1. 形象铭牌
2. 入户桥
3. 碧水湖
4. 入口景观树阵
5. 隐蔽球场

区域设计之城市绿化带

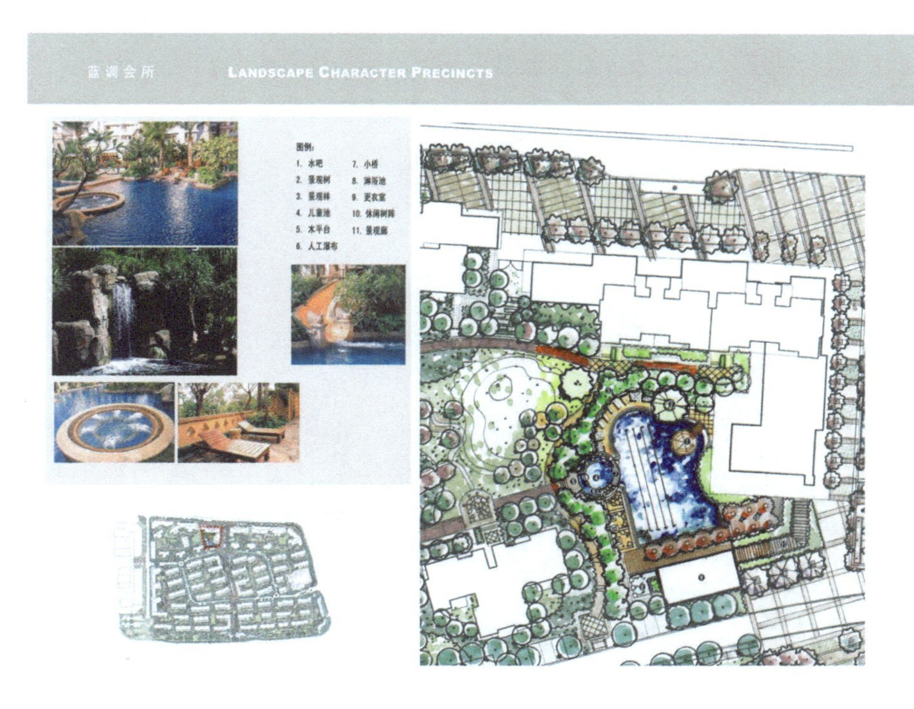

区域设计之蓝调会所

区域设计之B组团

C组团 上林坊 LANDSCAPE CHARACTER PRECINCTS

区域设计之E组团

入口区效果图

带状区域鸟瞰效果图

某组团设计景观效果图

某组团水景设计效果图

1 项目概况
INTRODUCTION

2 设计理念
THE VISION

3 景观规划
MASTERPLAN

4 区域设计
LANDSCAPE CHARACTER PRECINCTS

5 景观细部
LANDSCAPE DETAIL

6 景观元素
LANDSCAPE FEATURES

目录之景观细部

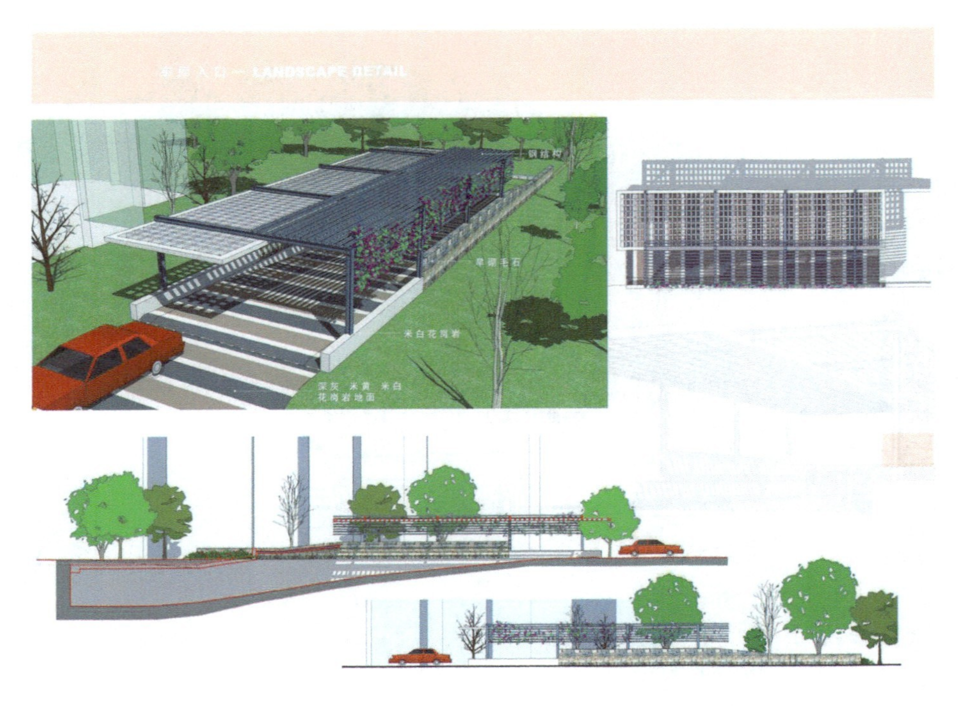

车库入口效果图

入口岗亭

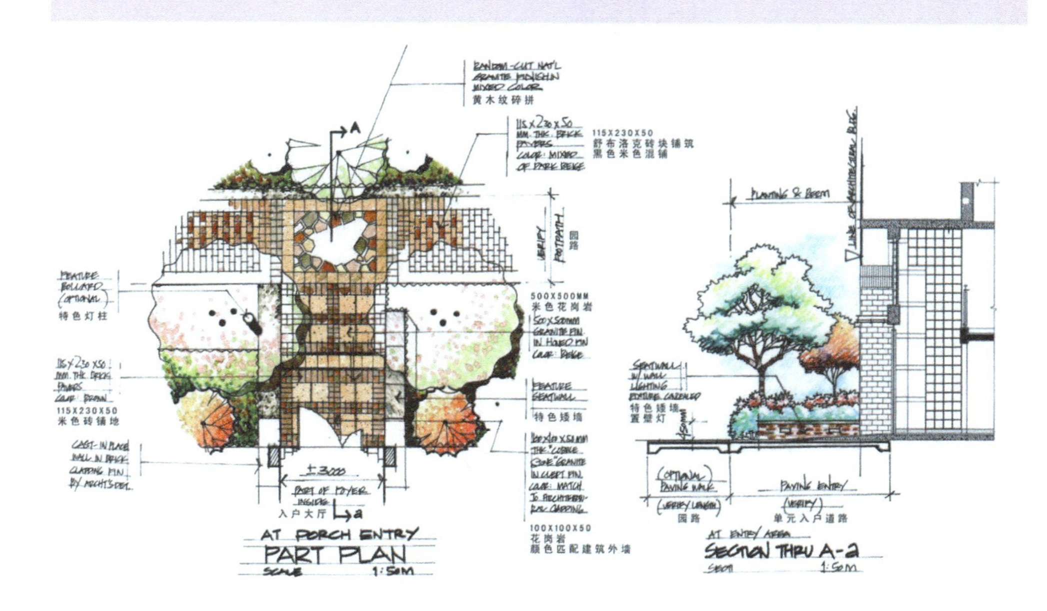
RANDOM-CUT NAT'L GRANITE FINISH MIXED COLOR
黄木纹碎拼
115X230X50 MM. THK. BRICK PAVERS COLOR: MIXED OF DARK BEIGE
115X230X50
舒布洛克砖块铺筑
黑色米色混铺
VERIFY FOOTPATH
园路
FEATURE BOLLARD (OPTIONAL)
特色灯柱
500X500MM
米色花岗岩
500X500MM GRANITE FIN. IN HONED FIN. COLOR: BEIGE
115X230X50 MM. THK. BRICK PAVERS COLOR: BROWN
115X230X50
米色砖铺地
FEATURE SEATWALL
特色矮墙
CAST-IN PLACE WALL IN BRICK CLADDING FIN. BY ARCHT'S DET.
±3000
PART OF FOYER INSIDE
入户大厅
100X100X50
花岗岩
颜色匹配建筑外墙
AT PORCH ENTRY
PART PLAN
SCALE 1:50M
PLANTING & BERM
SEATWALL W/ WALL LIGHTING FIXTURE CARZELED
特色矮墙
置壁灯
(OPTIONAL) PAVING WALK
(VERIFY LENGTH)
园路
PAVING ENTRY
(VERIFY)
单元入户道路
AT ENTRY AREA
SECTION THRU A-a
1:50M

单元入口

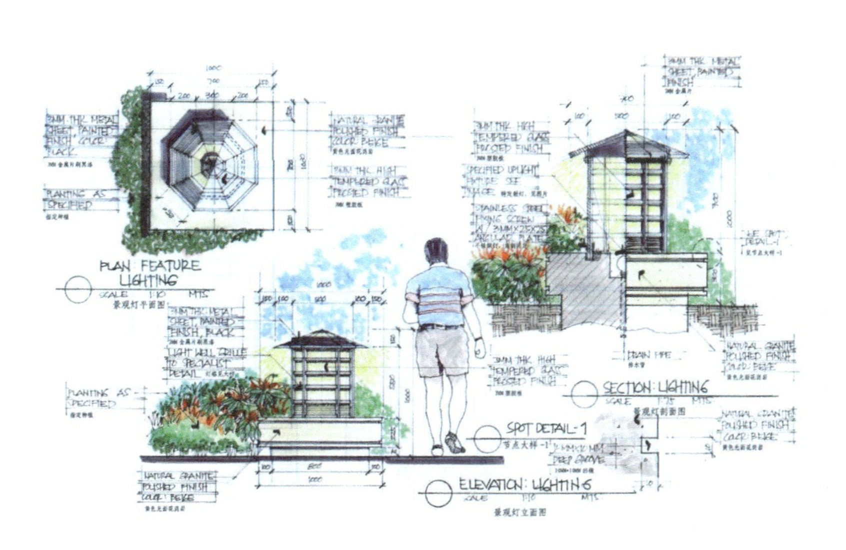
PLAN FEATURE LIGHTING
景观灯平面图
SECTION: LIGHTING
景观灯剖面图
SPOT DETAIL-1
节点大样-1
ELEVATION: LIGHTING
景观灯立面图

景观灯设计

| 目录之景观元素

种植意向 LANDSCAPE FEATURES

| 绿化种植设计意向

特色水景　WATER FEATURE

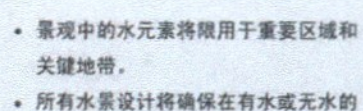

- 景观中的水元素将限用于重要区域和关键地带。
- 所有水景设计将确保在有水或无水的状况下都能达到良好的视觉效应。
- 组团内以点状水景为主，并能听到水声。

特色水景设计

景观设施　LANDSCAPE Furniture

公共设施
健身器材
组团绿地、架空层中适量摆放的成品有氧健身器材为居者服务
儿童游戏
组团中集中摆放，满足不同年龄段儿童要求，并与景观空间配合形成不同主题活动游戏空间
休息坐椅：
和绿化有机结合，大部分为树荫座椅。
垃圾桶
废物箱设置在道路的两旁和路口，间距商业街为25-50米
背景音乐
背景音乐设施隐蔽在景观小品中，布置的间距控制为30-40米，小区内部的背景音乐设施设在室外的筑物中，街区设在街区绿地中。
儿童玩具

景观设施设计意向图

照明设计 LANDSCAPE LIGHTING

照明设计保障功能照明为基础，以间接、隐藏照明减少光源，同时重点突出景观效果。

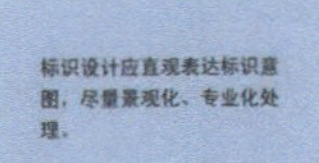

| 照明设计意向图

景观标识 LANDSCAPE SIGN

标识设计应直观表达标识意图，尽量景观化、专业化处理。

| 景观标识设计意向图

从亲亲家园整套设计案例可以看出，设计成果的提交就是把所有设计方案图纸以及相关说明文字如设计理念、设计手法、灵感来源等按顺序进行整理、归纳与总结，制作成文本的形式上交有关部门与客户进行审核或者参加项目竟标。规划文本的编制针对主要项目的具体要求、规模等，基本没有固定的格式，只要能表达现方案的构思、设计创意以及可行性即可，但是，大体上规划文本的主要内容有封面、目录、设计说明、效果图、大样图、概算等。

知识与技能

1. 城市住区方案组织的内容与成果

城市住区组织的具体内容应根据城市总体规划要求和建设基地的具体情况确定，不同的情况需区别对待，一般应包括选址定位、估算指标、拟定规划结构与布局形式、拟定各构成用地布置方式、拟定建筑类型、拟定工程规划设计方案、拟定规划设计说明及技术经济指标计算等。具体的规划设计图纸及文件成果包括现状及规划分析图、规划编制图、工程规划方案图以及形态规划设计意向图等。

（1）分析图

/ 基地现状及区位关系图：包括人工地物、植被、毗邻关系、区位条件等。

/ 基地地形分析图：包括地面高程、坡度、坡向、排水等分析。

/ 规划设计分析图：包括规划结构与布局、道路系统、公建系统、绿化系统、空间环境等分析。

（2）规划设计编制方案图

/ 居住区规划总平面图：包括各项用地界线确定及布置、住宅建筑群体空间布置、公建设施布点及社区中心布置、道路结构走向停车设施以及绿化布置等。

/ 建筑选型设计方案图：包括住宅各类型平、立面图，主要公建平、立面图等。

（3）工程规划设计图

/ 竖向规划设计图：包括道路竖向、室内外地坪标高、建筑定位、室外挡土工程、地面排水以及土石方量平衡等。

/ 管线综合工程规划设计图：包括给水、污水、雨水和电力等基本管线的布置，在采暖区还应增设供热管线。同时还需考虑燃气、通风、电视公用天线、闭路电视电缆等管线的设置或预留埋设位置。

（4）形态意向规划设计图或模型

/ 全区鸟瞰或轴测图。

/ 主要街景立面图。

/ 社区中心、重要地段以及主要空间结点平面、立面、透视图。

（5）规划设计说明及技术经济指标

/ 规划设计说明：包括规划设计依据、任务要求、基地现状、自然地理、地质、人文条件、规划设计意图、特点、问题、方法等。

/ 技术经济指标：包括居住区用地平衡表，面积、密度、层数等综合指标，公建配套设施项目指标，住宅配置平衡以及造价估算等指标。

2. 景观设计师的综合职业技能

什么是景观设计师的综合职业技能？一个景观设计师的能力怎样衡量与评估？首先，景观设计师要有综合全面的专业素养，其次是职业能力素养。

（1）景观设计师专业能力素养

通过对广场、道路、住区景观设计的学习，一名成熟的景观设计师应具备如下职业技能。

① 接受设计任务、基地实地踏勘，同时收集有关资料。

作为一个建设项目的业主（俗称“甲方”）会邀请一家或几家设计单位进行方案设计。

作为设计方（俗称“乙方”）在与业主初步接触时，要了解整个项目的概况，包括建设规模、投资规模、可持续发展等方面，特别要了解业主对这个项目的总体框架方向和基本实施内容。总体框架方向确定了这个项目是一个什么性质的绿地，基本实施内容确定了绿地的服务对象。这两点把握住了，规划总原则就可以正确制订了。

另外，业主会选派熟悉基地情况的人员，陪同总体规划师至基地现场踏勘，收集规划设计前必须掌握的原始资料。

这些资料包括：

/ 所处地区的气候条件，气温、光照、季风风向、水文、地质土壤（酸碱性、地下水位）；

/ 周围环境、主要道路、车流人流方向；

/ 基地内环境，湖泊、河流、水渠分布状况，各处地形标高、走向等。

总体规划师结合业主提供的基地现状图（又称“红线图”），对基地进行总体了解，对较大的影响因素做到心中有底，今后做总体构思时，针对不利因素加以克服和避让；针对有利因素充分地合理利用。此外，还要在总体和一些特殊的基地地块内进行摄影，将实地现状的情况带回去，以便加深对基地的感性认识。

② 初步的总体构思及修改。

基地现场收集资料后，就必须立即进行整理，归纳，以防遗忘那些较细小的却有较大影响因素的环节。

在着手进行总体规划构思之前，必须认真阅读业主提供的“设计任务书”（或“设计招标书”）。在设计任务书中详细列出了业主对建设项目的各方面要求：总体定位性质、内容、投资规模，技术经济相符控制及设计周期等。在这里，还要提醒刚入门的设计人员：要特别重视对设计任务书的阅读和理解，一遍不够，多看几遍，充分理解，“吃透”设计任务书最基本的“精髓”。

在进行总体规划构思时，要将业主提出的项目总体定位做一个构想，并与抽象的文化内涵以及深层的警世寓意相结合，同时必须考虑将设计任务书中的规划内容融合到有形的规划构图中去。

构思草图只是一个初步的规划轮廓，接下去要将草图结合收集到的原始资料进行补充，修改。逐步明确总图中的入口、广场、道路、湖面、绿地、建筑小品、管理用房等各元素的具体位置。经过这次修改，会使整个规划在功能上趋于合理，在构图形式上符合园林景观设计的基本原则：美观、舒适（视觉上）。

③ 方案的第2次修改文本的制作包装。

经过了初次修改后的规划构思，还不是一个完全成熟的方案。设计人员此时应该虚心好学、集思广益，多渠道、多层次、多次数地听取各方面的建议。不但要向老设计师们请教方案的修改意见，而且还要虚心向中青年设计师们讨教，往往多请教别人的设计经验，并与之交流、沟通，更能提高整个方案的新意与活力。

由于大多数规划方案，甲方在时间要求上往往比较紧迫，因此设计人员特别要注意两个问题。

第一，只顾进度，一味求快，最后导致设计内容简单枯燥、无新意，甚至完全搬抄其他方案，图面质量粗糙，不符合设计任务书要求。

第二，过多地更改设计方案构思，花过多时间、精力去追求图面的精美包装，而忽视对规划方案本身质量的重视。这里所说的方案质量是指规划原则是否正确，立意是否具有新意，构图是否合理、简洁、美观，是否具可操作性等。

整个方案全都定下来后，图文的包装必不可少。现在，它正越来越受到业主与设计单位的重视。

最后，将规划方案的说明、投资框（估）算、水电设计的一些主要节点，汇编成文字部分；将规划平面图、功能分区图、绿化种植图、小品设计图、全景透视图、局部景点透视图，汇编成图纸部分。文字部分与图纸部分的结合，就形成一套完整的规划方案文本。

④ 业主的信息反馈。

业主拿到方案文本后，一般会在较短时间内给予一个答复。答复中会提出一些调整意见：包括修改、添删项目内容，投资规模的增减，用地范围的变动等。针对这些反馈信息，设计人员要在短时间内对方案进行调整、修改和补充。

现在各设计单位电脑出图率已相当普及，因此局部的平面调整还是能较顺利按时完成的。而对于一些较大的变动，或者总体规划方向的大调整，则要花费较长一段时间进行方案调整，甚至推翻重做。

对于业主的信息反馈，设计人员如能认真听取反馈意见，积极主动地完成调整方案，则会赢得业主的信赖，对今后的设计工作能产生积极的推动作用；相反，设计人员如马马虎虎、敷衍了事，或拖拖拉拉，不按规定日期提交调整方案，则会失去业主的信任，甚至失去这个项目的设计任务。

一般调整方案的工作量没有前面的工作量大，大致需要一张调整后的规划总图和一些必要的方案调整说明、框（估）算调整说明等，但它的作用却很重要，以后的方案评审会以及施工图设计等，都是以调整方案为基础进行的。

⑤ 方案设计评审会。

由有关部门组织的专家评审组，集中一天或几天时间，进行一个专家评审（论证）会。出席会议的人员，除了各方面专家外，还有建设方领导，市、区有关部门的领导以及项目设计负责人和主要设计人员。

作为设计方，项目负责人一定要结合项目的总体设计情况，在有限的一段时间内，将项目概况、总体设计定位、设计原则、设计内容、技术经济指标、总投资估算等诸多方面内容，向领导和专家们做一个全方位汇报。汇报人必须清楚，自己心里了解的项目情况，专家们不一定都了解，因而，在某些环节上，要尽量介绍得透彻一点、直观化一点，并且一定要具有针对性。在方案评审会上，宜先将设计指导思想和设计原则阐述清楚，然后再介绍设计布局和内容。设计内容的介绍，必须紧密结合先前阐述的设计原则，将设计指导思想及原则作为设计布局和内容的理论基础，而后者又是前者的具象化体现。两者应相辅相成，缺一不可。切不可造成设计原则和设计内容南辕北辙。

方案评审会结束后几天，设计方会收到打印成文的专家组评审意见。设计负责人必须认真阅读，对每条意见，都应该有一个明确答复，对于特别有意义的专家意见，要积极听取，立即落实到方案修改稿中。

⑥ 设计师的施工配合。

设计的施工配合工作往往会被人们所忽略。其实，这一环节对设计师、对工程项目本身恰恰是相当重要的。俗话说，“三分设计，七分施工”。如何使“三分”的设计充分体现、融入到“七分”的施工中去，产生出“十分”的景观效果？这就是设计师施工配合所要达到的工作目的。在施工现场，设计师要尊重业主要求，施工单位配合设计师的要求，监理单位为业主服务，承担监督施工单位的任务。

（2）景观设计师职业能力素养

一名合格的景观设计师除了能够出色地完成景观设计流程项目任务之外，还应该具备优秀的职业能力素养。

① 团队精神。

作为一名景观设计师，应具有高度的社会

责任感和良好的社会伦理道德，注重不同学科知识和技能渗透的科学方法，培养处理设计中的综合互补能力。

具有守纪、尊重原则与协作的精神。每项设计与工程案例，都受到经济、材料、经营，基础条件和人为干扰等多种因素的制约，它是一个集体行为，成功的设计师应是成功的合作者。

说到合作，就要有团队，景观设计方案设计阶段的团队分工与合作比较复杂，对于整个景观设计过程的最终影响也是决定性的。就如同一部电影的制作过程一样，景观设计的全过程也需要所有的“演职人员”通力合作，“你方唱罢我登场”才能够最终功德圆满。无论一个景观设计师的起点在哪里，其终点都应该是殊途同归的。

具体工作流程的分工方式如下。

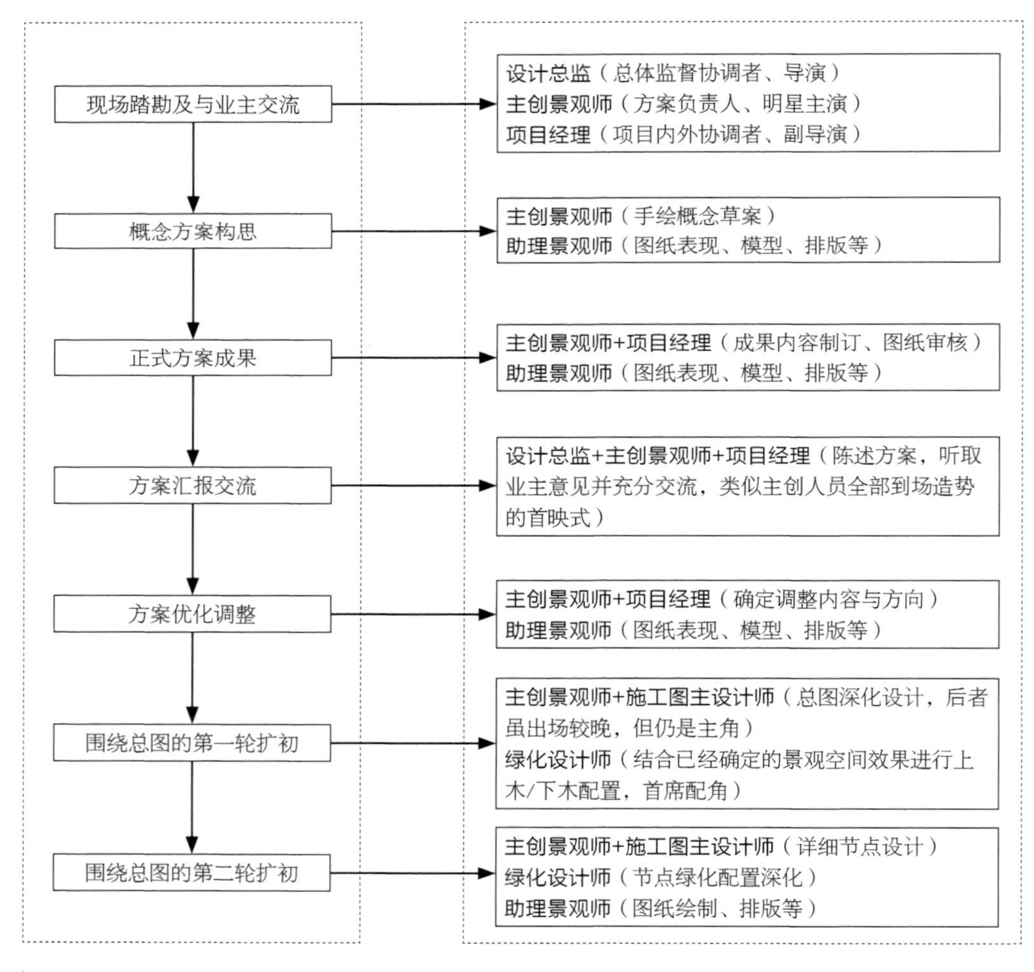

景观设计师工作流程的分工方式

② 良好的沟通与表达

设计行业常说的一句话是“好设计是交流出来的”。在设计伊始，设计师与甲方初步交流，了解甲方的定位与意图，然后设计师需要与总监进行交流，确定方案的方向与结构，与同事交流，确保细节设计的亮点与合理，再与甲方交流……可以说，对设计的沟通与表达是贯穿始终的，而一个设计师也正是在这种潜移默化的过程中逐步走向成熟。

文本编制阶段任务小结

本阶段主要综合介绍城市住区方案组织的内容与成果以及作为一名景观设计师应具备的综合职业技能。通过本阶段的学习，要求作为一名景观设计师不但能够完成城市景观设计的汇总与编制工作，还应具备景观设计师专业能力素养和景观设计师职业能力素养。

任务与实践

（1）任务目标

根据校企合作的项目或自设并选定以下项目中一项。

/ 对某校园景观进行改造设计

/ 对某广场景观进行改造设计

/ 对某步行街景观进行改造设计

/ 对居住小区景观进行改造设计

完成整个项目规划设计文本。

（2）实施方式

以5～10人为一个小组，自行制订计划，并组织完成项目任务目标。

（3）具体安排

各小组分工合作，共同分步骤完成以下各项任务。

/ 进行实地勘察，收集相关资料。

/ 对地理位置和人文资料进行分析以及对项目基地现状分析。

/ 对地域的地面铺装材料进行市场调查。

/ 绘制项目的地面铺装现状分析图。

/ 绘制项目的地面铺装平面布局图。

/ 绘制各种方案表现图纸并且写上设计说明。

方案图纸制作要求

/ 方案过程用手绘表达；

/ 总平面图、现状分析图、交通分析图、植物种植设计图、功能分区图、景观结构分析图、竖向设计图、鸟瞰透视图、区域/小品透视图、公共设施示意图、设计说明等用PS表达。

成果提交

/ 用PPT的方式答辩课题并点评作品。

/ 用展板形式在教学楼展厅展出。

/ 制作完整的规划设计文本。

（4）成绩评定

/ 各小组派一名组员进行PPT演示，陈述完整的规划设计。

/ 各小组展示规划设计文本，互相观摩学习。

/ 各小组组长、教师以及校外实训基地代表共同对各组成绩进行评分。教师综合小组评分后，给出每个同学的总成绩。

城市景观设计案例欣赏篇

本篇甄选城市景观设计经典案例，分别对应城市广场景观设计、城市道路景观设计、城市居住区景观设计项目，旨在深化对城市景观设计的实践认知，在前期城市景观设计形式和内容学习的理论基础上，通过分析总结实际案例，取其精华，将成功设计经验应用于自主设计过程，更为全面地完成对城市景观设计的探究。

01

第一节 | 城市广场景观设计案例赏析

1. 卡戎兄弟广场

项目概况：规划用地面积1800 m²，城市广场

位置：加拿大，蒙特利尔。

设计者：Affleck+de la Riva建筑事务所。

完成时间：2008年。

卡戎兄弟广场是以麦吉尔街道为中心轴线分布的公共空间网络的一部分。该地区有建造风车的历史传统，该项目通过设计风车造型的观景楼，种植野生植物，试图以全新的视角提升公众对广场历史的记忆和认知，以及情感上的传承。

获奖情况：2009设计交流奖、2009艺术与城市发展奖；
2009加拿大景观设计师协会优秀奖。

设计理念解析

（1）沿袭历史，开拓创新

17世纪，卡戎兄弟在这片湿地上建造了一架风车，广场上的现代城市景观设计灵感来源于此。该项目采用一种简单而精致的方式，用最少的建筑要素来进行设计，以圆形和圆柱形为主要构图要素，设计广场中心花园。

鸟瞰图

总平面图

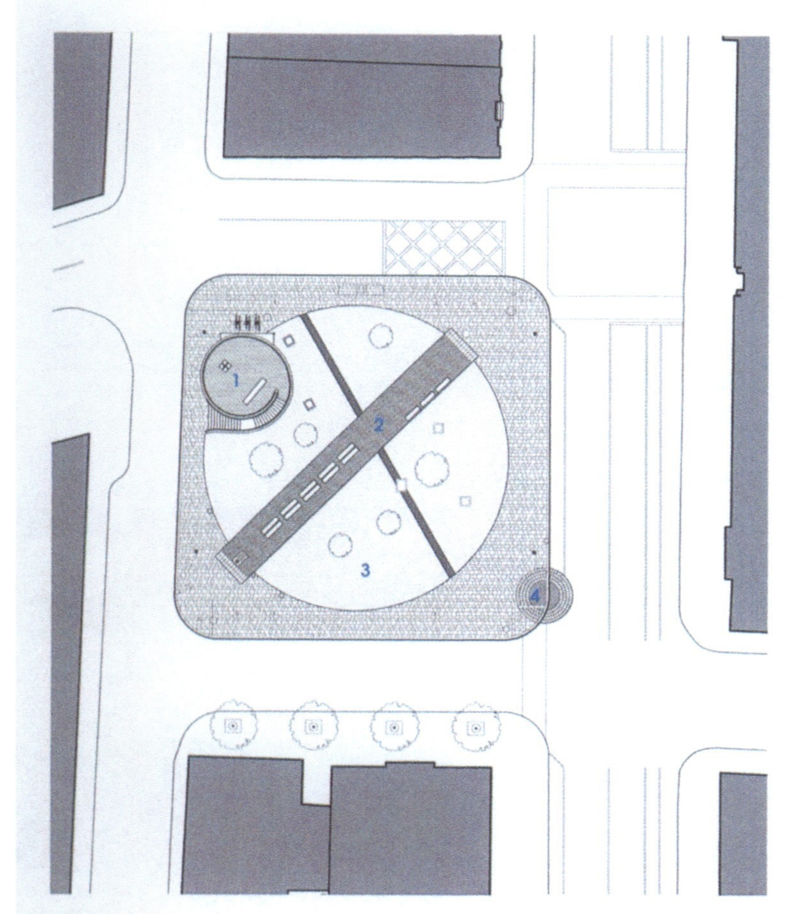

Belvedere-Folly
Rest Area
The Prairie
Marking the Vestiges of the Windmill

1. 观景楼
2. 休憩区
3. 草地
4. 风车造型

（2）单体建筑设计

花园边缘设计了一个风车造型的观景楼，俯视时是一个圆形的风车造型，正视时是一个圆柱体，紧密和圆形的构图要素相结合。

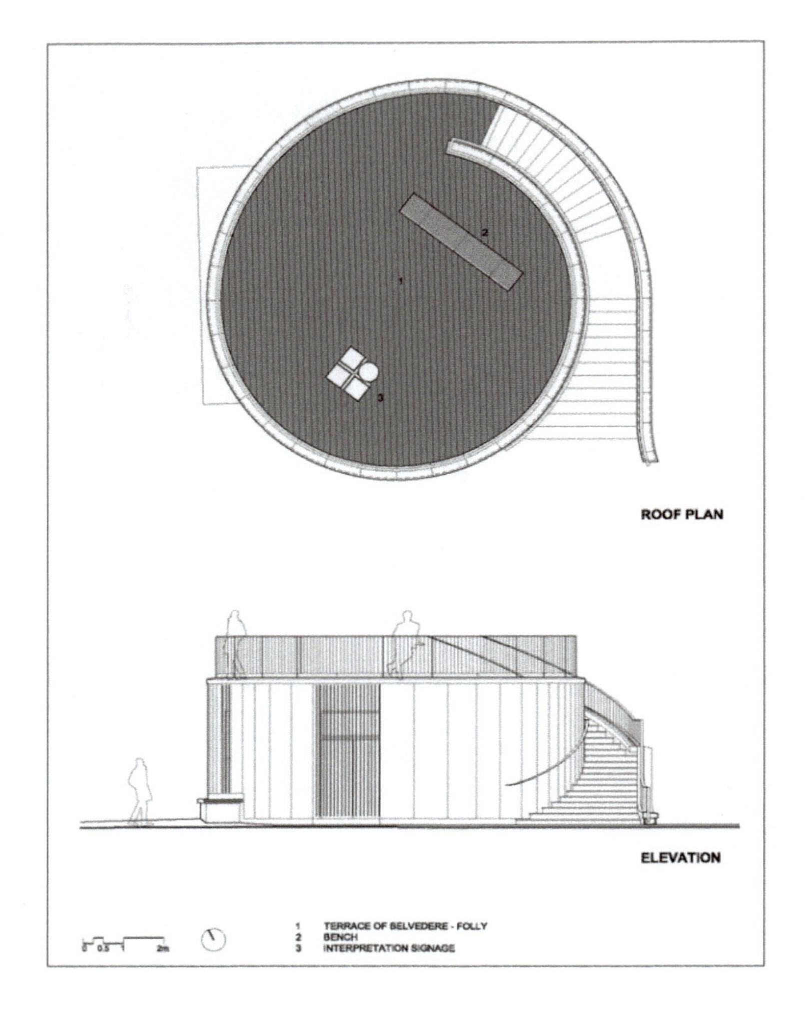

观景楼平面图和立面图

观景楼

（3）植被种植设计

广场中心花园种植野生植被，是一个充满野趣的花园。这种设计，不仅减少了日常维护和灌溉的需求，而且给繁忙紧张的城市空间增添了趣味性，缓解了人们焦躁的心理，提供了心灵放松的场所和氛围。

（4）灯光设计

广场利用灯光的变化设计，模拟四季的感觉，使整个广场充满趣味性和观赏性。

种植野生植物的花园

灯光效果

2. 莱顿中央车站广场

项目概况：规划用地面积100000 m^2，废弃站前广场改造

位置：荷兰，莱顿。

设计者：麦克斯万建筑+城市规划事务所。

竞赛时间：2010年。

莱顿中央车站广场将废弃的车站区域改造成为一个生机勃勃的高密度街区，从而强化南部旧城市中心和北部生物科技区的联系。全新的增强型道路连接让行人和自行车可以在街面自由穿行，在不受汽车、巴士和有轨电车的影响下到达两侧的车站。之前的站前广场缺乏特色，周围的建筑物毫无个性，不能与公共空间紧密地结合在一起，使广场只具有基本的功能，供巴士、出租车和自行车停放。新的站前广场将利用新建筑让空间充满特色，结合建筑的功能，同时提供城市活动项目，为空间增添活力，为来到莱顿的游客营造出一种热情洋溢的生活氛围。

设计理念解析

为了实现历史中心到新的高密度区的自然过渡，设计师为此进行了精心设计。由于火车站是一种特殊的建筑类型，原来的周边的建筑物种类和数量都比较少，功能也比较单一。于是设计中新增了许多建筑物，包括当地启动工作区以及国际公司，莱顿扩展购物中心，多重电影院，先进的停车解决方案和新的公共交通枢纽。通过增加这些具有实用性功能的建筑物，使广场增添了更多的功能性和实用性。

（1）道路设计

通过将道路设计成一个步行网络，引导游客的游览路线，丰富游客的视野，增加游客的逗留时间，大大增强了广场的吸引力。随着道路的改变，周围的新建建筑在体量和造型上也随之变化，配合空间的特色变化。

（2）建筑单体设计

广场新增加的建筑物单体的设计变化极具

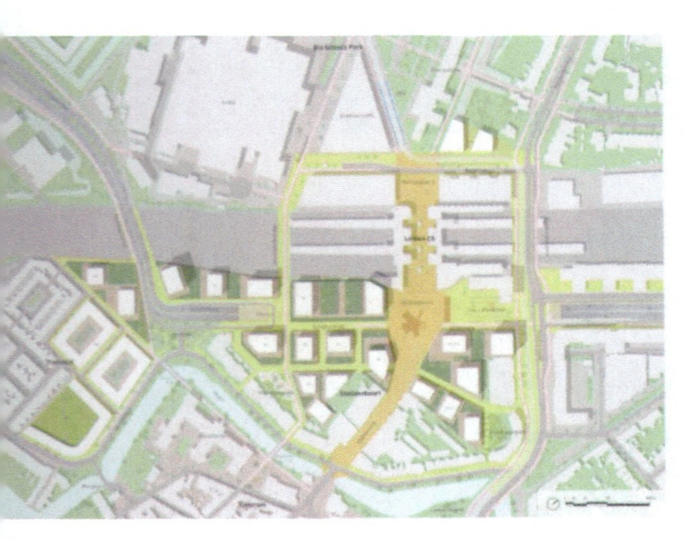

总平面图

鸟瞰图

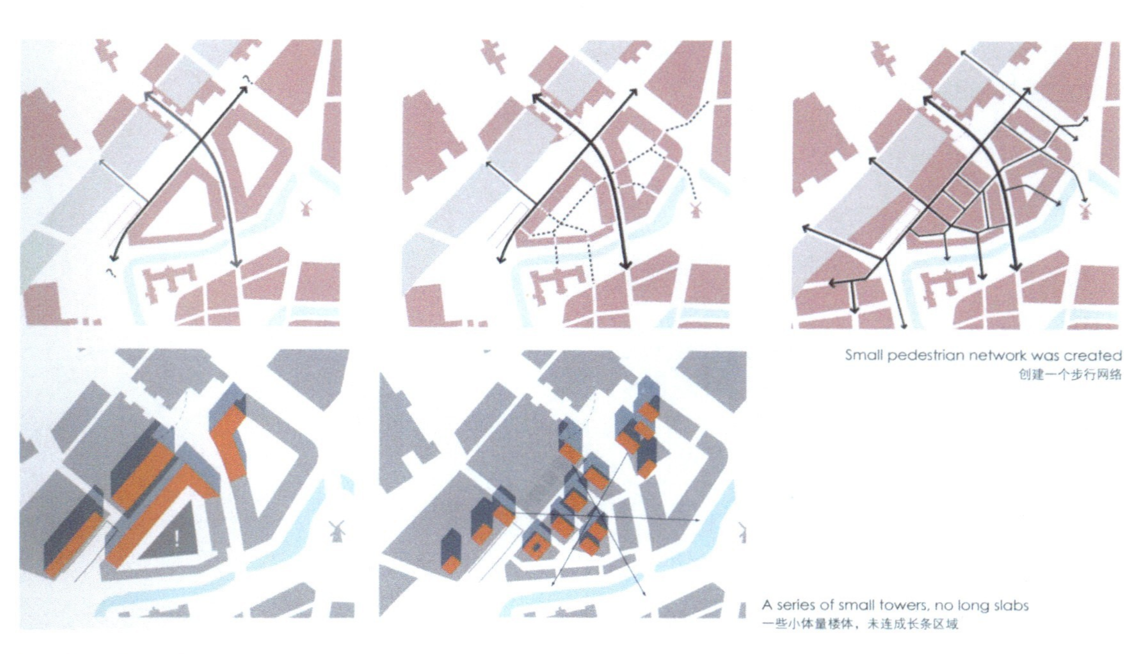

Small pedestrian network was created
创建一个步行网络

A series of small towers, no long slabs
一些小体量楼体，未连成长条区域

| 道路布置与分析

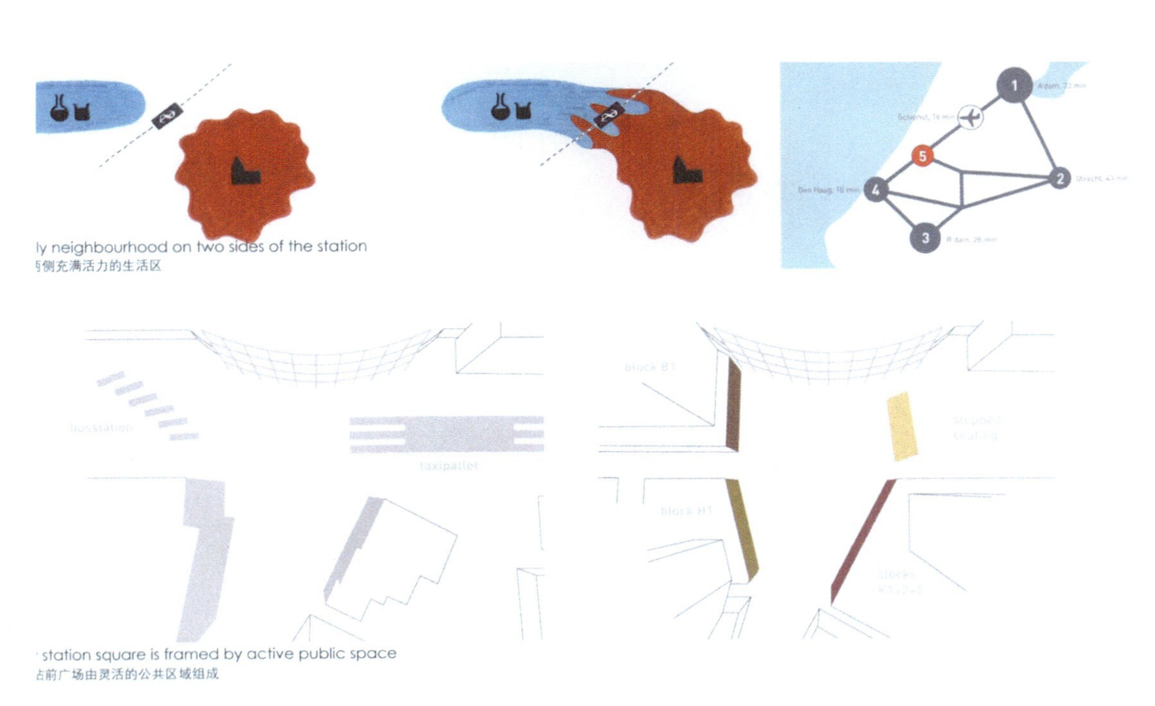

ly neighbourhood on two sides of the station
两侧充满活力的生活区

station square is framed by active public space
站前广场由灵活的公共区域组成

| 公共区域布置分析

特色。从高度变化、退让关系、采光效果、顶部造型变化、基座造型变化到游客的视觉感受都考虑到了，并进行了相应的单体设计和总体布局。增强了空间的趣味感和变化感，减少建筑对人的压抑和限制性。

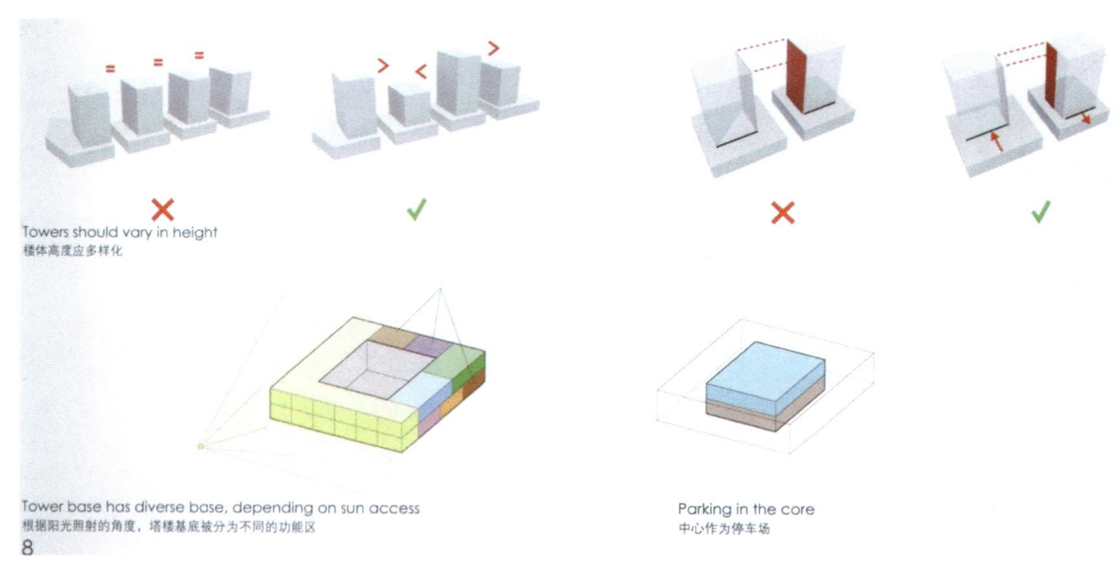

Towers should vary in height
楼体高度应多样化
Tower base has diverse base, depending on sun access
根据阳光照射的角度，塔楼基底被分为不同的功能区
8
Parking in the core
中心作为停车场

周围建筑体量分析

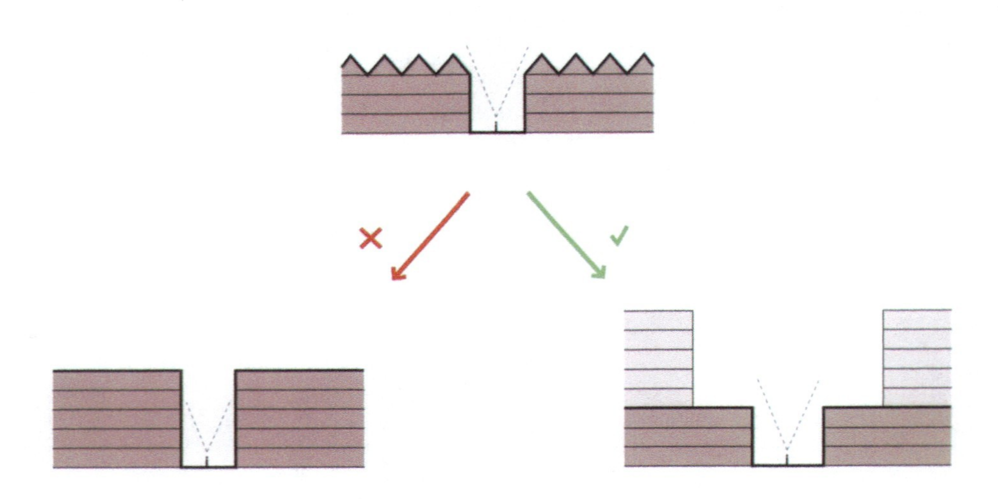

Traditional scale base with setback towers
一般规模的基座和外墙缩进的塔楼

建筑顶部与基座造型特色分析

| 建筑基座造型特色分析

（3）细部空间设计

广场上细部空间设计丰富，富于变化，且实用性、舒适性强。许多空间是由多种功能组合在一起的，既增加了景观的观赏性，又使得场地设计紧凑耐用。

| 休闲小空间——座椅

| 楼间的过渡空间布置

| 喷泉、舞台、座位、娱乐的综合空间

3. 意大利马尔萨拉火车站区域广场翻修工程

项目概况：规划用地面积28700m²，火车站区域翻修工程国际竞赛三等奖

位置：意大利，马尔萨拉。

设计者：A3+事务所，卡罗林·克劳斯。

竞赛时间：2009年。

该设计获得意大利马尔萨拉火车站区域翻修工程国际竞赛三等奖，其设计元素反映了城市网格，所用材料通过打造紧密的链接网络与周边的景观紧密结合在一起。

该设计创造的新空间设置了大量清新的悬垂绿色空间，整个结构由金属方形网格打造而成。细长的柱子让人想起森林，柱子之上是密实的金属网结构，上面爬满藤蔓植物，或形成植物墙。这样一来，绿化不仅体现在外部表面上，更真正形成了立体三维结构。广场的内部并没有连接点，二者通过空间的延续性和功能性达成统一。

总平面图

设计理念解析

广场设计的一大难题就是既要有开敞通透的硬质铺装空间，又要适当地种植绿色植被，起到美化景观和遮阴的效果。这是一对矛盾体，只有解决好了这个问题，才能使广场设计得到成功，做到美观与实用的共赢。该设计在解决这个问题上进行了很好的探索和尝试。将绿色植物悬垂在地面之上，地面保证了开敞的使用空间和广场交通的通透和延续性，又增加了绿色植物覆盖率，创造了优美的景观和宜人的使用环境，尤其是在炎热的夏季。

（1）悬垂绿色空间的内部空间布置

在悬垂绿色空间的内部空间还可以进行景观布置和空间划分，与常规的广场设计类似，如进行园路的划分，设置景观小品如雕塑、长廊等。最主要的可以多设置一些休息空间，尤其是在炎热的夏季，舒适性会成倍增加。即使在冬季，也因为本身采用的金属网架，并非封闭空间，依旧有阳光能够投射进来。

| 悬垂绿色空间的内部空间布置（一）

悬垂绿色空间的内部
空间布置（二）

悬垂绿色空间的内部
空间布置（三）

悬垂绿色空间立面效果

（2）悬垂绿色空间的设计过程

悬垂绿色空间的设计在材料的选择上需要特别重视。首先是金属材料的选择，要耐氧化风化、耐日晒雨淋，并且宜采用轻型材料。其次是选择的植被种类要仔细挑选。选择生长速度较快，无飞絮、少虫害的种类，且应该根据花期的不同而进行植物配置，增强观赏性。

方案本身的设计过程并不复杂，但是这种概念难能可贵，具有创新精神，在广场设计中探索出了新的方向与内容。当然这种设计还是有地域局限性，比较适合于炎热地区，北方寒冷地区并不适合。

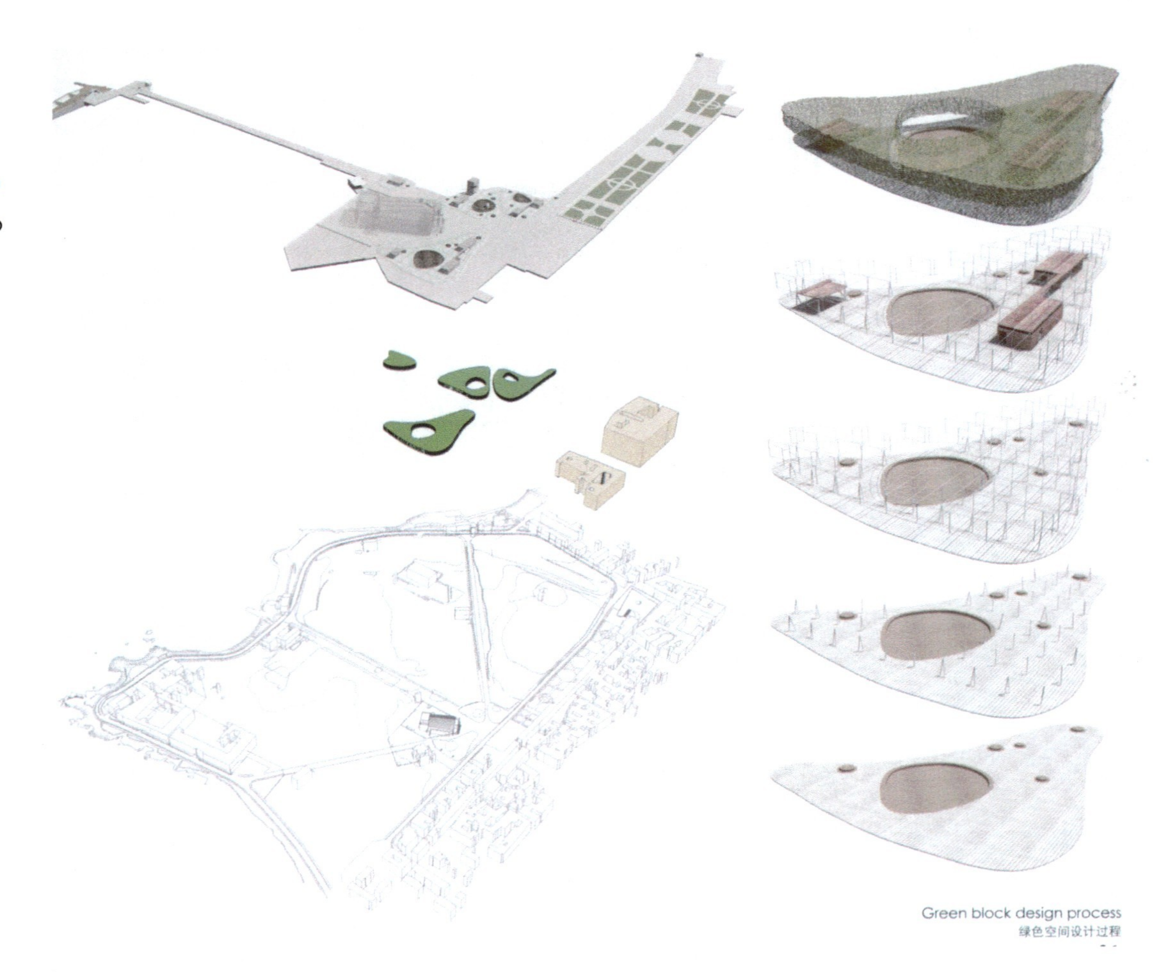

悬垂绿色空间设计过程

02

第二节 | 城市道路景观设计案例赏析

1. 巴塞罗那格兰大道

项目概况：规划用地面积250000m^2，全长2500米，宽100米，城市道路景观设计

位置：西班牙，巴塞罗那。

格兰大道是1876年所做的巴塞罗那城市扩展规划当中的主要道路之一，也是最具历史意义的一条大道。但是从格勒瑞广场向东便变成了一条穿越城市的城区高速公路。这在三十年前不成问题，但是随着人口数量的增加，周围的居住区也在不断地增加，高速公路上繁忙的交通带来的污染，严重影响着附近居民的居住质量，也为城市发展带来了问题。因此该项目是将格兰大道改造成城市道路。设计方法为在大道中间置入一个线性公园，将原本分离的道路两边重新联系起来，也为道路增加观赏性。

设计理念解析

（1）线性公园的设计

该项目在道路的设计上，将原有道路改成上下两层横向布置，道路宽阔。从视觉的角度上来说，有空旷感和疏离感。因此在道路两边设计连续的线性公园，通过与其他横向立交桥的链接，共同形成了紧密联系的网络，大大增强了空间的亲切感，同时也增强了实用性，为附近居民提供休闲娱乐的场所，也吸收了尾气，净化了空气，美化了环境。

线性公园采用三角形绿化斜坡和一系列的广场组合而成，平坦的公共广场与住宅建筑处于同一水平位置，斜坡围绕着广场勾勒出广场的轮廓。采用此种形状的绿地布置形式，在长达2500米的道路上显得富有变化，不枯燥。

整体鸟瞰图

局部鸟瞰图

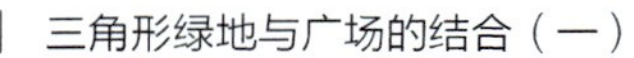

三角形绿地与广场的结合（一）

三角形绿地与广场的结合（二）

（2）种植设计

因为原有道路是高速公路，因此道路两边的主要植物选择白杨。白杨树因其很强的适应能力，常用来做道路绿化，最主要的作用就是防风固沙、保持水土。白杨树外表挺拔、干净，有一定的观赏价值。白杨树在三角形绿色斜坡里种植，下植草本植物，营造立体的绿色氛围。

线性公园种植设计（一）

线性公园种植设计（二）

线性公园种植设计（三）

（3）景观小品设计

因为道路有2500米长，为了营造持续的绿化景观效果，追求简洁大方的视觉效果，线性公园的设计不论是造型方面还是植物种类方面的变化都不是很多。但是要提升绿化景观的品质和使用舒适性，必须从细部入手，加强设计。格兰大道沿途线性公园内的景观小品设计极具特色，无论是造型还是颜色，都经过精心设计。通过不同的小品设计，营造出不同地段的景观特色。过长道路沿线的沉闷被打破，富有变化，也便于使用。

景观小品（一）

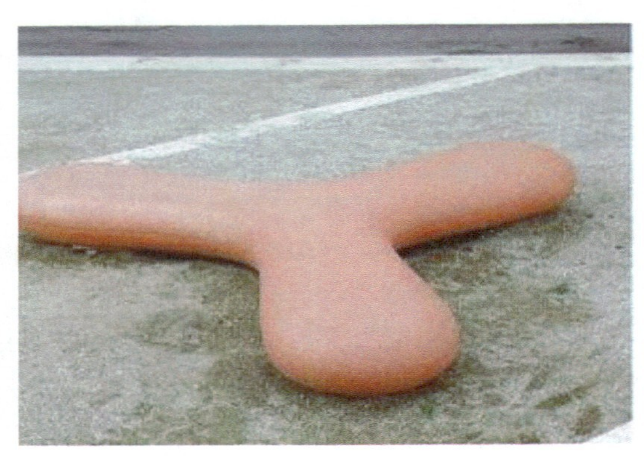

景观小品（二）

景观小品（三）

2. 天津市西青区张家窝镇道路绿化设计

项目概况：全长1200米，城市道路景观设计

位置：天津市，西青区张家窝镇，位于天津市西南部。

张家窝镇东与南河镇相连，西靠京沪铁路，南隔独流减河与静海县相望，北与工农联盟牧场接壤，辖区总面积44.5km²。景观绿化设计范围路段全长约1200m。

设计理念解析

（1）设计方法

此次设计主要包括两个路口设计，主路口节点是进出张家窝的门户所在，路口四角设计以开敞形式为主，绿化设计配合场地及道路走向，曲线布局活跃整个路口的设计，并在路口四个角上点缀景观灯柱，使夜景效果更加灿烂，同时也满足竖向设计的需求。次路口的设计采用对称均衡式的布局，形成环抱之式，栽植采用复式栽植，形成丰富的景观层次。

总平面图

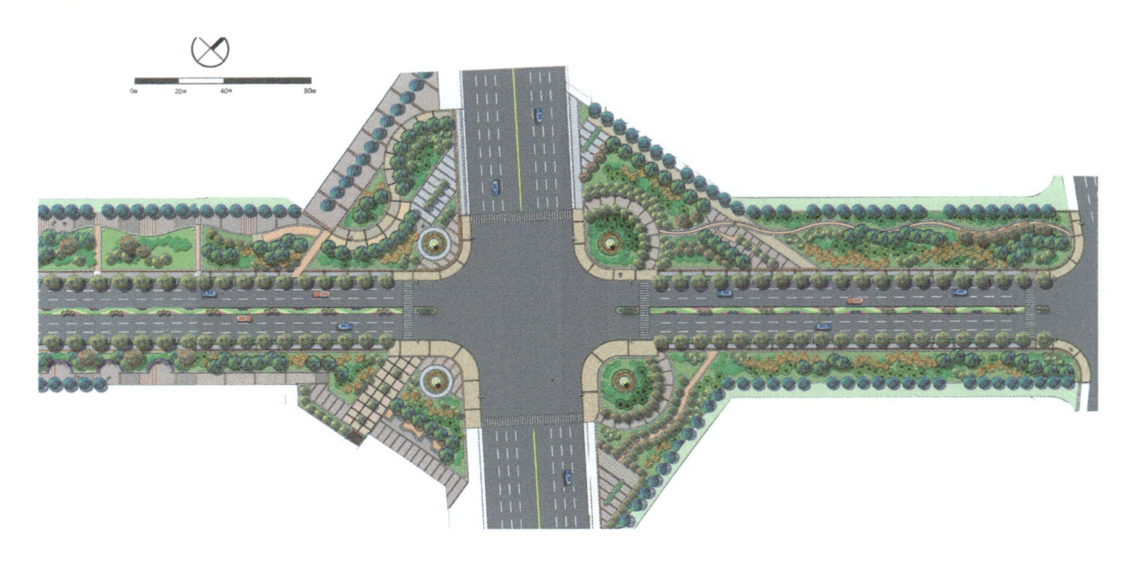

主路口

次路口

（2）道路的植物配置

城市道路的植物配置首先应考虑交通安全，有效地协助组织人流的集散，同时发挥道路绿化在改善城市生态环境和丰富城市景观中的作用。通过道路绿化，不仅美化环境，同时也避免了司机的驾车疲劳，提高安全性。

① 城市快速路的植物配置。

通过绿地连续性种植或树木高度位置的变化来预示或预告道路线性的变化，引导司机安全操作；根据树木的间距、高度与司机视线高度、前大灯照射角度的关系种植，使道路亮度逐渐变化，并防止眩光。种植宽、厚的低矮树丛作缓冲种植，以免车体和驾驶员受到大的损伤，并且防止行人穿越。

十字交叉路口的绿地要服从交通功能，不应种植遮挡视线的树木，保证司机有足够的安全视距。以草坪为主，点缀常绿树和花灌木，适当种植宿根花卉。

② 分车隔离绿带。

分车隔离绿带指车行道之间可以绿化的分隔带，其中，位于上下行机动车道之间的为中间分车绿带；位于机动车道与非机动车道之间或同方向机动车道之间的为两侧分车绿带。在隔离绿带上的植物配植，除考虑到增添街景外，首先要满足交通安全的要求，不能妨碍司机及行人的视线。该设计中的分隔绿带采用流畅曲线形式，与商业街边界形式及绿化带甬路形式相呼应，植物种类采用高度不超过70cm常绿的小龙柏、金叶女贞，并配以丰花月季，丰富色彩变化，并且与黄杨球和海棠相结合，在形式和竖向上满足设计要求。

③ 行道树绿带。

行道树绿带指人行道与车行道之间种植行道树的绿带。其功能主要为行人蔽荫，同时能起到美化街道、降尘、降噪减少污染的作用。行道树的配植注意乔灌草结合，常绿与落叶、速生与慢长相结合；乔灌木与地被、草皮相结合，适当点缀草花，构成多层次的复合结构，形成当地有特色的植物群落景观，大大提高环境效益。

该设计沿线的行道树绿带主要分为两种情况进行不同的设计。第一，居住区前绿化设计。沿路两侧背景皆为密植树丛，栽植注重层次，甬路采取密植遮挡栽植。南侧居住区前设计了场地，使绿地内容更容易使人停留，营造了自然的休闲环境。绿化设计以国槐为背景，中前景突出比较丰富的栽植变化，以北京栾搭配樱花为中景树种，前景搭配榆叶梅、紫叶矮樱、碧桃等春花植物，丰富色彩，并以山桃强化路口景观。

第二，商业街前绿化设计。不同于居住区绿化栽植设计，商业街前设计了铺装场地及小品，在功能上结合商业街的特点，适于人停留及通行。植物栽植品种丰富，层次清晰，注重形式感。

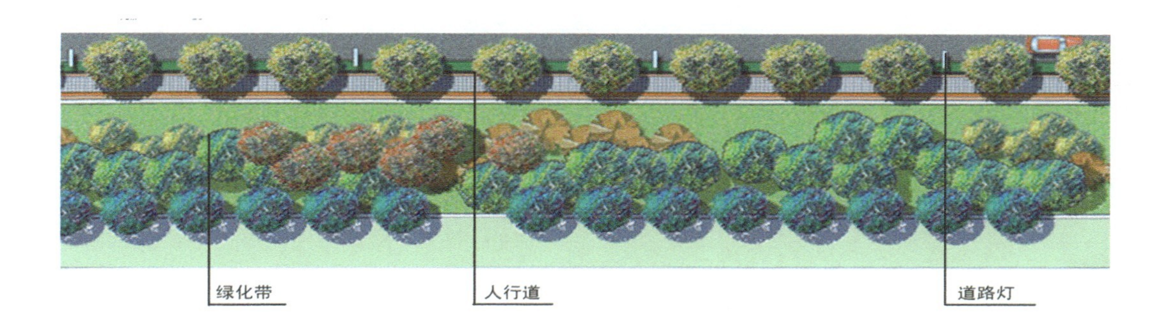

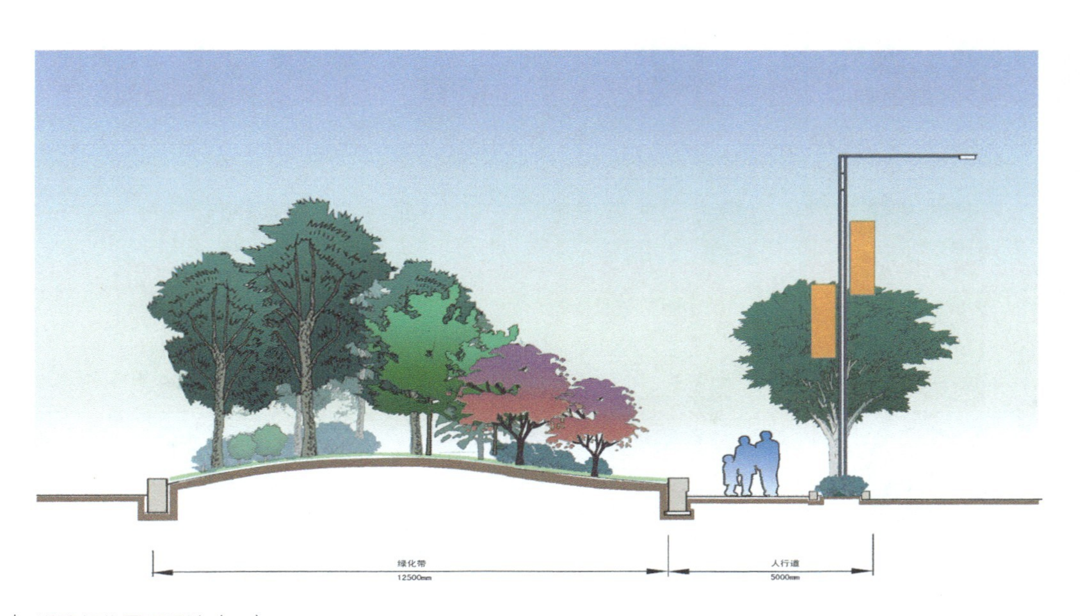

标准段二平面图

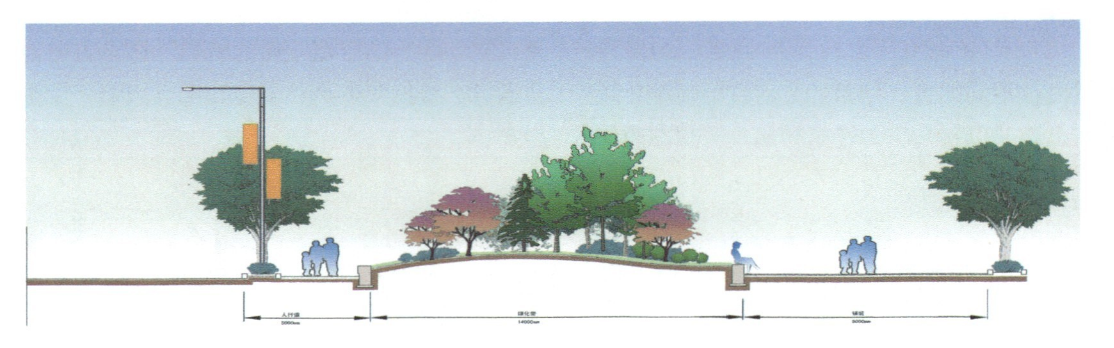

道路绿化景观设计（二）

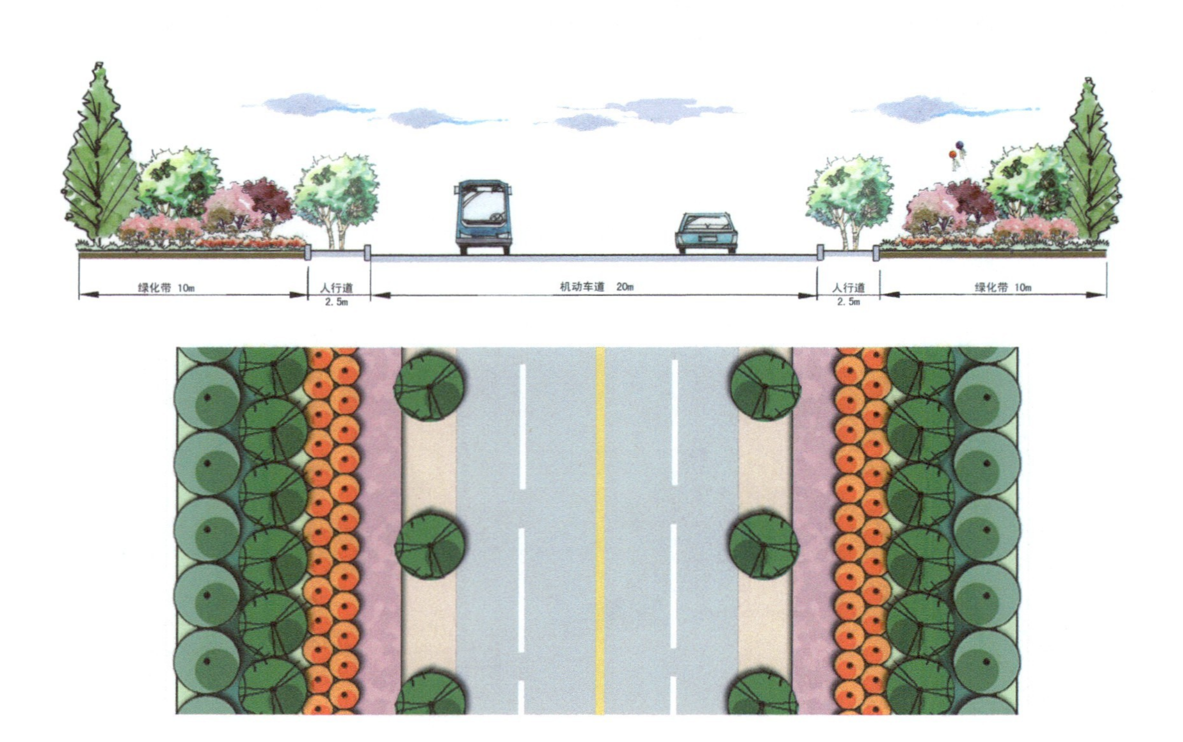

道路绿化景观设计（三）

植被品种选择

行道树是道路绿化的最基本的组成部分。首先选择合适的树种。树种选择的一般标准为树冠冠幅大、枝叶密；抗性强（耐贫瘠土壤、耐寒、耐旱）；寿命长；深根性；病虫害少；耐修剪；落果少或者没有飞絮；发芽早，落叶晚。同时，树种选择要能体现出浓郁的地方特色和道路特征。

绿化植物（一）

绿化植物（二）

分类	序号	名称	生速	观赏特性	花期				特性
					春	夏	秋	冬	
1行道树 适用品种	01	白蜡	快	观叶					耐水湿、耐盐碱
	02	千头椿	中	观叶枝					耐中度盐碱，不耐水湿
	03	国槐	慢	观叶					耐盐碱、耐修剪、不耐水湿
	04	朝鲜槐	慢	观花果					强阳性，浅根性，不耐积水
	05	刺槐	快	观花					抗寒，耐旱，适应性强
	06	蝴蝶槐	慢	观叶					耐寒、耐盐碱、耐修剪
	07	馒头柳	快	观枝					耐水湿，耐盐碱
	08	香花槐	慢	观花					强阳性，浅根性，不耐积水
	09	楸树	中	观花叶果					耐寒、不耐水湿
	10	青桐	中	观叶					深根性，极不耐水湿
	11	金叶槐	中	观叶					耐寒、耐盐碱、耐修剪
2 背景树 适用品种	12	毛白杨	快	观叶					选雄株，强阳性
	13	楸树	中	观花叶果					耐寒、不耐水湿
	14	青桐	中	观花叶枝					深根性，极不耐水湿
	15	北京栾	中	观花叶果					耐盐碱及短期水涝
	16	构树	快	观叶					阳性，喜钙质土
	17	白蜡	快	观枝					耐水湿、耐盐碱
	18	香花槐	慢	观花					强阳性，浅根性，不耐积水
	19	杜仲	快	观枝					耐一定盐碱，不耐水湿
	20	丝绵木	慢	观花					耐寒，耐水湿，抗污染
	21	泡桐	中	观花叶					耐寒，耐旱，耐热，忌积水
3 中、前景树 适用品种	22	白皮松	中	观叶					耐旱、不耐积水
	23	雪松	中	观叶枝					喜背风向阳，忌积水
	24	油松	中	观叶					强阳性、不耐积水
	25	香花槐	慢	观花					强阳性，浅根性，不耐积水
	26	合欢	中	观花叶果					耐盐碱，不耐水湿
	27	皂荚	中	观叶果枝					不择土壤，深根性，寿命长
	28	杜梨	中	观花果					耐盐碱、耐水湿，抗病虫
	29	金叶槐	慢	观叶					彩叶树，耐寒、耐盐碱
	30	五角枫	慢	观叶果					秋色叶，弱阳性，不耐涝
	31	梨树	慢	观叶果					喜沙质土壤
	32	程蜡一号	中	观叶枝					枝干绿色、光滑
	33	美国白蜡	中	观叶枝					彩叶树
	34	小油松	慢	观叶枝					强阳性、不耐积水
	35	龙爪槐	慢	观花枝					耐寒、耐盐碱、耐修剪
	36	金枝槐	中	观叶枝					耐盐碱、耐修剪、不耐积水
	37	火炬	中	观花叶果					耐盐碱
	38	枣树	慢	观花果					耐旱、耐瘠薄
	39	龙爪桑	中	观叶果枝					阳性、适应性强，耐盐碱
	40	美国红栌	中	观叶					喜光，也耐半荫；抗病虫能力强
4 花灌木及 灌木篱 适用品种	41	金银木	中	观花果					性强健、春季观花，秋季观果
	42	紫薇	中	观花					耐寒性不强；喜肥沃、耐旱
	43	木槿	快	观花					耐瘠薄，耐半阴蔽，忌涝
	44	碧桃	慢	观花果					抗性强，不耐水湿、春季观花
	45	紫叶碧桃	中	观花叶					抗性强，不耐水湿、春季观花
	46	西府海棠	中	观花果					抗寒、抗盐碱能力都比较强
	47	花石榴	中	观花果					耐干旱，不耐水涝，不耐阴
	48	紫荆	慢	观花叶果					对土壤适应性很强，耐盐碱
	49	美人梅	快	观花					抗性强，不耐水湿、彩叶树种
	50	红叶李	中	观花枝					耐寒性稍差、彩叶树种、点缀
	51	紫叶矮樱	慢	观叶枝					耐修剪，不耐水湿、彩叶树种
	52	榆叶梅	快	观花					抗性强，不耐水湿、春季观花
	53	黄刺梅	中	观花叶果					耐干旱、瘠薄，耐盐碱
	54	珍珠玫	快	观花叶					耐荫、耐修剪、夏季观花
	55	连翘	快	观花					一定耐荫性，怕涝、早春花木
5 地被 适用品种	56	胶东卫矛	快	观叶					半常绿
	57	砂地柏	慢	观叶枝					常绿
	58	金叶莸	中	观花叶					彩色叶
	59	八宝景天	快	观花叶					
	60	鸢尾	快	观花叶					
	61	萱草	快	观叶枝					
	62	费菜	快	观花叶					
	63	北京夏菊	快	观花叶					
	64	马蔺	快	观花叶					
	65	醉鱼草	快	观花叶					
	66	金叶女贞	快	观叶					彩色叶
	67	小叶黄杨	慢	观叶					常绿
	68	小龙柏	慢	观叶枝					常绿
	69	金叶接骨木	快	观叶枝					彩色叶

植物材料表

景观小品及设施设计

好的道路绿化设计，景观小品和设施的合理布置将会起到画龙点睛的作用，充分体现出设计区域的人文精神及历史传承氛围，并且增强实用性。

主路口的景观节点设计

次路口的景观节点设计

EL312
EL314

03

第三节 | 城市居住区景观设计案例赏析

1. 苏州中茵皇冠国际社区

项目概况：规划用地面积44881m²，建筑面积129613.9m²，高层住宅设计

位置：苏州工业园内。

设计单位：美国MBC园林景观设计公司。

获奖情况：2006年度亚洲国际花园社区典范。

苏州中茵皇冠国际社区位于苏州工业园内，东临金鸡湖，南接香樟公园，四周环水，自然条件优越。小区被规划为住宅区和酒店区两部分，开发定位于苏州及世界级高贵精品社区和五星级酒店。下面是规划总平面图。

总平面图

设计理念解析

该设计的园林主题思想是“水域天堂”。场地内水资源丰富，因此充分利用现有水系，合理布置，以水为骨架，进行多层次、多样性的水景设计。

（1）园区内处处是水景

入口喷泉

楼旁的小喷泉和水池

组团绿地中的小水景

（2）结合西方以及现代水景造法来处理水
装饰化处理亭、台、廊、桥等各种造园元素。

廊与水的组合

亭与水的组合

亭、台、廊、架与水组合的中心景区

（3）强调艺术化，注重细节设计，追求高品质

造型独特的花池

设计精致的小空间

2. 无锡江南坊

项目概况：规划用地面积98832m^2，仿古多层住宅设计

位置：江苏省无锡市。

设计单位：上海易亚源境景观设计咨询有限公司。

江苏省无锡市的江南坊小区是典型的仿古建筑，小区环境景观设计采用古典风格的中式园林设计。整体布局在主轴线两侧，叠石成山，流水潺潺，形成“入门见水”，松桂森然的典型中国园林的氛围，与建筑形式相辅相成。

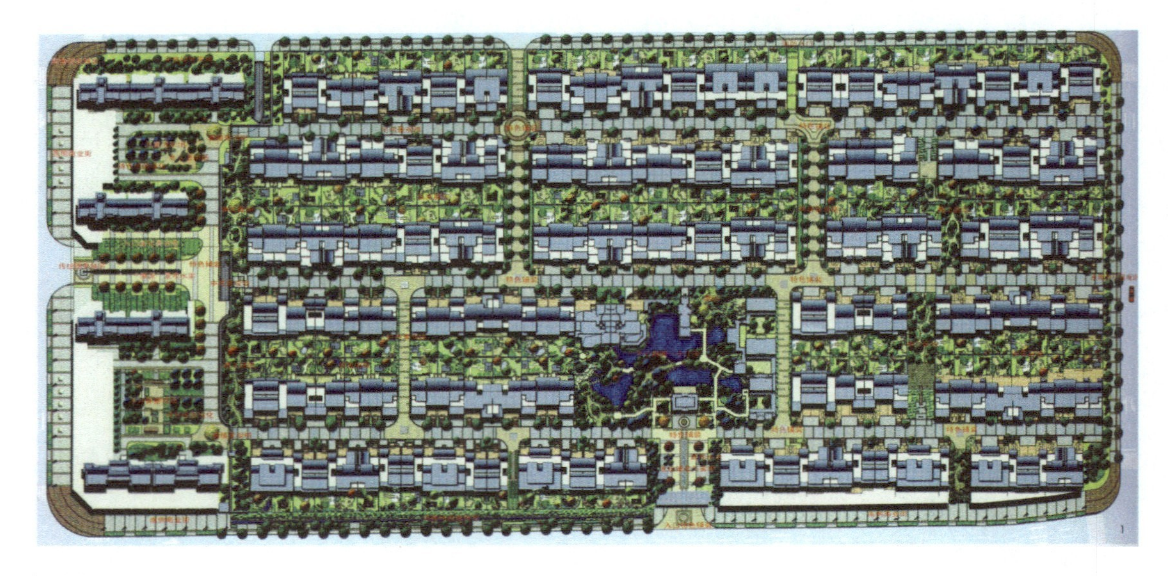

总平面图

设计理念解析

（1）私家庭院

在寸土寸金的城市中，私家庭院无疑是稀缺之物。但是在该项目设计中，私家庭院却成了主要特色之一。设计师在进行景观设计时，充分利用每户的私家庭院的方寸之地，发挥传统园林小中见大的优势，将叠山、植物、与建筑本身密切结合，创造出“家家有景，户户不同”的庭院景观效果。

（2）风格统一，浑然一体

该项目采用的是中国古典园林设计模式，所以从整体布局到细节处理都遵循相同的风格。从小区大门入口的设计，道路的铺装形式、景观小品的样式以及极具古典风格的室外园林灯具等诸多方面，都做到整个园区风格统一，浑然一体，古风蔚然，清幽典雅。

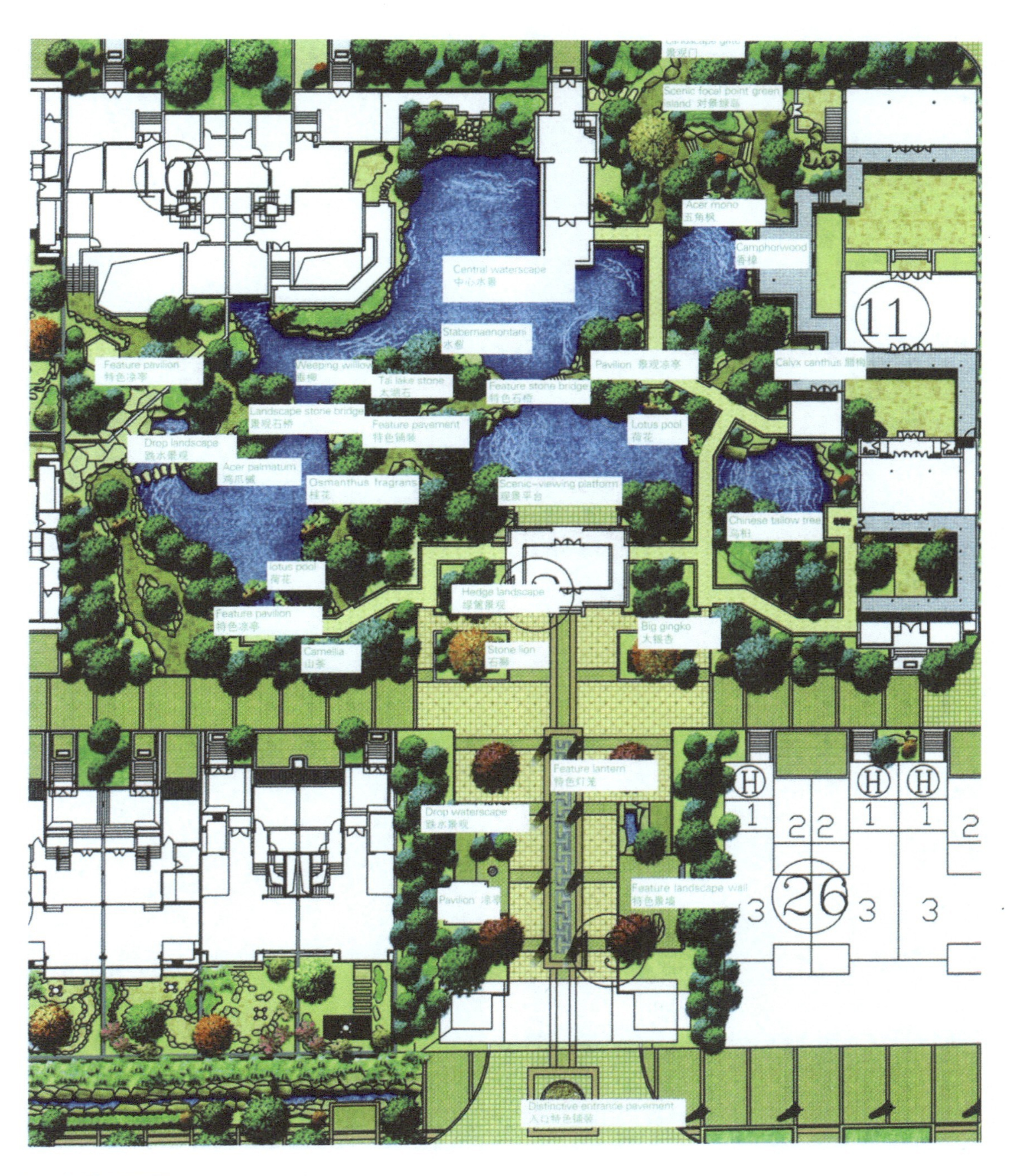
景观门
Scenic focal point green island 对景绿岛
10
Acer mono 五角枫
Camphorwood 香樟
Central waterscape 中心水景
11
Stabernaenontani 水榭
Feature pavilion 特色凉亭
Weeping willow 垂柳
Tai lake stone 太湖石
Feature stone bridge 特色石桥
Pavilion 景观凉亭
Calyx canthus 腊梅
Landscape stone bridge 景观石桥
Feature pavement 特色铺装
Lotus pool 荷花
Drop landscape 跌水景观
Acer palmatum 鸡爪槭
Osmanthus fragrans 桂花
Scenic-viewing platform 观景平台
Chinese tallow tree 乌桕
lotus pool 荷花
Hedge landscape 绿篱景观
Feature pavilion 特色凉亭
Big gingko 大银杏
Camellia 山茶
Stone lion 石狮
Feature lantern 特色灯笼
Drop waterscape 跌水景观
Pavilion 凉亭
Feature landscape wall 特色景墙
26
Distinctive entrance pavement 入口特色铺装

庭院景观平面图

| 庭院景观（一）

| 庭院景观（二）

| 小区入口的牌坊

| 入户门口的影壁

| 小区道路铺装

| 小区的古典风格亭子

3. 北京东方普罗旺斯

项目概况：规划用地面积657500m²公顷，总建筑面积208000m²，别墅建筑设计

位置：北京市昌平区。

设计单位：EDSA Orient第二工作室。

东方普罗旺斯是浙江省耀江集团在北京投资建设的大型别墅区居住项目。场地东面有温榆河和老河湾两大水系，生态环境得天独厚。水岸线悠长，地貌富有变化，植物资源丰富。设计师在进行设计时，充分体现了EDSA“尊重自然，以人为本”的设计理念，保护和利用现有的水系、地貌、植被，建立安全的生态格局，围绕人的生活体验和活动规律来设计，倡导健康和谐的生活方式，营造高品味的居住环境。

总平面

设计理念解析

（1）营造具有异域古典主义风格的园林景观

设计师在设计时充分利用了现有的自然环境资源，保留了原生树林，设计了薰衣草田野、创建了0.27km²的绿地，1∶1比例复制了拉斐尔城堡，营造出了异域风格的古典主义庄园，称之为“东方普罗旺斯”。

异域风格景观（一）

异域风格景观（二）

异域风格景观（三）

异域风格景观（四）

（2）植物配置

该项目的园林景观设计为异域古典主义风格，其植物配置方面也顺应其风格的变化。利用植物的围合关系，创造出具有私密性的私人空间和具有开敞性的公共空间。植物与建筑相辅相成，营造出异域的园林景观氛围。树种的选择上以乡土树种为主，便于存活，且具有生命力。让整个小区充满绿色。重点部位，例如小区入口，住户入口处采用名贵品种，配合营造高贵典雅的风格。

植物配置（一）

植物配置（二）

植物配置（三）

植物配置（四）

参考文献

【1】唐延强，等. 景观规划设计与实训. 上海：东方出版中心，2008.

【2】曾令秋，等. 景观设计与实训. 沈阳：辽宁美术出版社，2009.

【3】孙迪，等. 景观师成长的ABCD. 北京：机械工业出版社，2011.

【4】胡先祥. 景观规划设计. 北京：机械工业出版社，2008.

【5】刘滨谊. 现代景观规划设计. 南京：东南大学出版社，2005.

【6】蔡永洁. 城市广场. 南京：东南大学出版社，2006.

【7】日本土木学会. 大连：大连理工大学出版社，2002.

【8】王福义. 住宅庭园景观设计. 北京：中国建筑工业出版社，2003.

【9】李征. 园林景观设计. 北京：气象出版社，2001.

【10】（美）里德，郑淮兵，译. 园林景观设计 从概念到形式. 北京：中国建筑工业出版社，2004.

【11】孙成仁. 城市景观设计. 哈尔滨：黑龙江科学技术出版社，1999.

【12】章俊华. 居住区景观设计 ⅰ Ⅲ Ⅵ. 北京：中国建筑工业出版社，2001.

【13】金涛，杨永胜. 居住区环境景观设计与营建（1～4）. 北京：中国城市出版社，2003.

【14】荀平，杨平林. 景观设计创意. 北京：中国建筑工业出版社，2004.

【15】杨永胜，金涛. 现代城市景观设计（全四卷）. 北京：中国城市出版社，2002.

【16】徐文雯，谈建中，王珲. 城市道路景观设计初探. 苏州：苏州大学，2012.

【17】陈敏捷，傅德亮. 城市道路园林景观设计的审思. 上海：上海交通大学学报（农业科学版），2006（2）：204-209.

【18】倪文峰，张艳，车生泉. 城市道路景观设计中的地域文化特性. 上海：上海交通大学学报（农业科学版），2008（4）：326-331.

【19】李慧生，张玲. 城市道路景观设计研究. 风景园林规划与设计，2013（5）：308-312.

【20】李婷，马军山. 杭州上城区道路绿化景观设计研究. 杭州：杭州农林大学，2011.

【21】田少朋，岳邦瑞. 三类速度体验下的城市道路景观设计要点研究. 西安：西安建筑科技大学，2012.

【22】吴晓松. 城市景观设计. 北京：中国建筑工业出版社，2009.

【23】胡佳. 城市景观设计. 北京：机械工业出版社，2013.

【24】景观设计经典——住区景观. 北京：香港科讯国际出版有限公司.

【25】天津市雅蓝景观设计工程有限公司天津市西青区张家窝镇主干路四及次干路二绿化景观设计方案.

【26】刘翰林. 景观竞赛. 沈阳：辽宁科学技术出版社，2012.

【27】AOA内部案例道路景观设计——交通运输.